NOTIONS

DE MÉCANIQUE

DE L'IMPRIMERIE DE CRAPELET

RUE DE VAUGIRARD, 9

NOTIONS
DE MÉCANIQUE

EXIGÉES

POUR L'ADMISSION A L'ÉCOLE POLYTECHNIQUE

OUVRAGE

RÉDIGÉ D'APRÈS LE PROGRAMME OFFICIEL

PAR H. SONNET

DOCTEUR ÈS SCIENCES, INSPECTEUR DE L'ACADÉMIE
DÉPARTEMENTALE DE LA SEINE, PROFESSEUR ADJOINT DE MÉCANIQUE
A L'ÉCOLE CENTRALE DES ARTS ET MANUFACTURES

PARIS

LIBRAIRIE DE L. HACHETTE ET Cⁱᵉ
RUE PIERRE-SARRAZIN, Nº 14
(Quartier de l'École de Médecine)

TABLE DES MATIÈRES.

(Cette *table* est la reproduction du programme officiel.)

AVERTISSEMENT.

Cet ouvrage n'est pas un traité élémentaire de Mécanique
appliquée ; c'est le développement pur et simple du programme
officiel des notions de Mécanique exigées pour l'admission à
l'École Polytechnique en 1841. Les seules additions que l'auteur
se soit permises sont relatives aux conditions générales de l'é-
quilibre, à la stabilité des constructions, et à la théorie de la vis
à filet carré. Ces additions sont contenues dans les n°ˢ 147 à
153 qui sont marqués d'un astérisque, et dans l'appendice qui
termine le volume.

NOTIONS
DE MÉCANIQUE.

CHAPITRE PREMIER.

MOUVEMENT SIMPLE OU COMPOSÉ.

§ I. Définitions et conventions préliminaires.

1. Tout le monde a l'idée du repos et du mouvement; mais si l'on veut les définir d'une manière mathématique, on peut dire qu'un corps est *en repos* lorsque tous ses points conservent leurs positions par rapport à trois axes fixes dans l'espace; et que ce corps est *en mouvement* lorsque tous ses points, ou seulement un certain nombre d'entre eux, changent de position par rapport à ces mêmes axes.

La *Mécanique* est la science qui traite du mouvement et de ses causes.

2. Dans l'étude du mouvement, on réduit d'abord le mobile à des dimensions infiniment petites; on lui donne alors le nom de *point matériel*. Le point matériel diffère donc du point géométrique en ce que son volume au lieu d'être rigoureusement nul est seulement aussi petit qu'on voudra, et en ce qu'il conserve en outre toutes les propriétés de la matière, telles que la pondérabilité, l'impénétrabilité, etc., dont on fait abstraction en Géométrie.

3. Le mouvement d'un point matériel est essentiellement *continu*; c'est-à-dire que ce mobile ne peut occuper successivement deux positions distinctes sans passer par tous les points d'une ligne droite ou courbe joignant les deux positions considérées.

La ligne, droite ou courbe, que décrit le mobile se nomme sa *trajectoire*. Le mouvement est dit *rectiligne* ou *curviligne* suivant que cette trajectoire est une droite ou une courbe.

Le mouvement d'un point matériel est complétement connu lorsqu'on sait : 1° quelle est sa trajectoire ; 2° quelle est, à un instant donné quelconque, sa position sur cette ligne.

Dans les applications aux machines, la trajectoire est ordinairement connue à l'avance : c'est le plus souvent une ligne droite ou une circonférence de cercle. Mais, plus généralement, soit AB (fig. 1) la trajectoire donnée ; pour déterminer à un instant donné quelconque la position M du mobile, il suffira de connaître, pour cet instant, l'arc OM compris entre le point M et un point fixe O choisi sur la courbe pour origine des arcs. Cet arc OM, que l'on désigne particulièrement sous le nom d'*espace*, et que nous représenterons par la lettre e, est une quantité algébrique de la nature des abcisses et des ordonnées ; c'est-à-dire qu'elle est constituée d'une *valeur absolue*, qui sera le nombre d'unités de longueur, contenues dans l'arc OM, et d'un *signe*, qui sera $+$ ou $-$ suivant qu'il s'agira d'un point M situé d'un côté de l'origine, ou d'un point M′ situé du côté opposé.

Si, par exemple, la longueur de l'arc OM est de 7 mètres et celle de l'arc OM′ de 5 mètres, on aura pour le point M ;

$$e = + 7^m ;$$

et pour le point M′ :

$$e = - 5^m.$$

Pour l'origine O, on aurait :

$$e = 0.$$

4. On appelle *instant initial* celui où l'on suppose que l'on ait commencé à compter le temps. Tout instant qui suit pourra être représenté par le nombre d'unités de temps écoulées depuis l'instant initial ; et tout instant qui précède, par le nombre d'unités de temps écoulées depuis cet instant jusqu'à l'instant initial. Nous désignerons par t ce nombre d'unités de temps comptées à partir de l'instant initial ; le temps t est une quantité algébrique, susceptible d'être positive ou négative suivant qu'elle se rapporte à un instant postérieur ou antérieur à l'instant initial.

Si, par exemple, le mobile s'est trouvé en M 3 secondes après l'instant initial, et en M' 2 secondes avant le même instant initial, on aura pour la position M :

$$t = + 3'',$$

et pour la position M' :

$$t = - 2''.$$

A l'instant initial, que l'on appelle aussi *l'origine du temps*, on aurait

$$t = 0.$$

On choisit d'habitude, comme nous venons de le faire, le *mètre* pour unité d'espace, et la *seconde sexagésimale* pour unité de temps.

On s'arrange ordinairement de manière que l'origine des espaces corresponde à l'origine du temps, c'est-à-dire qu'on ait $e = 0$ pour $t = 0$; mais cela n'est pas absolument nécessaire.

5. La trajectoire étant supposée connue, on voit que le mouvement du point matériel sera complétement déterminé si pour chaque valeur attribuée à t on peut assigner la valeur correspondante de e.

C'est ce qui arrivera si l'on connaît une relation constante entre e et t, telle que

$$f(e,\ t) = 0,$$

d'où l'on puisse tirer la valeur de e en fonction de t,

$$e = \varphi(t);$$

il suffira dans ce cas d'attribuer à t telles valeurs que l'on voudra pour pouvoir en déduire par le calcul les valeurs correspondantes de e.

Il peut arriver aussi, et ce cas se rencontre très-fréquemment dans les applications, que l'on n'ait point de relation mathématiques entre e et t, mais seulement une *table* renfermant un certain nombre de valeurs de e correspondantes à autant de valeurs de t. Si ces valeurs sont suffisamment rapprochées, on pourra encore se former une idée assez précise du mouvement en opérant de la manière suivante.

On tracera dans un plan deux axes rectangulaires (pour plus de simplicité); on prendra pour abscisses les valeurs de t, et pour ordonnées les valeurs correspondantes de e; on obtiendra ainsi dans le plan autant de points que l'on a de couples de valeurs correspondantes de t et de e. Par ces points on fera passer à la main une courbe; elle tiendra approximativement lieu de la relation inconnue qui lie les espaces aux temps.

Ce procédé graphique est surtout applicable aux cas où l'on recherche par l'expérience à découvrir la loi du mouvement; la courbe obtenue donne une idée plus nette de cette loi que ne le ferait une simple table de valeurs isolées; et souvent sa forme peut mettre l'expérimentateur sur la voie de la véritable relation qu'il cherche, ou l'aider même à reconnaître les erreurs de l'observation.

Parfois enfin on dirige l'expérience de manière que le mobile trace lui-même la courbe qui exprime la loi de son mouvement. C'est ainsi que dans l'expérience sur la chute des corps (voir le cours de Physique) on peut disposer les choses de façon qu'une tige verticale, liée au corps pesant, trace, sur un cylindre vertical mobile, une courbe qui a pour abscisses les temps et pour ordonnées les espaces parcourus.

Mais nous ne pourrions, sans sortir des limites qui nous sont imposées, entrer dans de plus amples détails à ce sujet.

§ II. Mouvement uniforme. Vitesse.

6. On appelle *mouvement uniforme* celui dans lequel les espaces parcourus par le mobile à partir d'un instant quelconque sont proportionnels aux temps employés à les parcourir.

Supposons d'abord, pour plus de simplicité, qu'à l'origine du temps le mobile soit à l'origine des espaces. Désignons comme ci-dessus par e l'espace décrit à partir de cette origine au bout du temps t. Représentons, de plus, par v l'espace décrit en $1''$ à partir de la même origine; on aura, en vertu de la définition,

$$e : v :: t : 1'' \quad \text{d'où} \quad e = v \cdot \frac{t}{1''}.$$

On peut, dans cette valeur, supprimer le dénominateur $1''$, pourvu que l'on entende par t le nombre abstrait qui exprime le rapport entre le temps employé à parcourir l'espace e et la seconde sexagésimale ; on aura ainsi

$$[1] \qquad\qquad e = vt,$$

formule homogène, puisque e et v sont des espaces, et t un nombre abstrait. Traduite en langage ordinaire, elle signifie que pour obtenir l'espace parcouru au bout d'un nombre t de secondes, il faut multiplier l'espace parcouru en $1''$ par ce nombre total de secondes.

7. L'espace v parcouru dans une seconde est ce qu'on nomme la *vitesse* du mouvement uniforme, et la relation [1] s'énonce d'une manière abrégée en disant que *l'espace est le produit de la vitesse par le temps.*

On peut mettre cette relation sous la forme : .

$$\frac{e}{t} = v$$

ce qui montre que la vitesse est le quotient de l'espace parcouru par le nombre de secondes employées à le parcourir, ou, d'une manière abrégée, que *la vitesse est le rapport de l'espace au temps.*

Enfin, on tire encore de la même relation :

$$\frac{e}{v} = t$$

c'est-à-dire que : *le quotient de l'espace par la vitesse est le nombre de secondes employées à parcourir cet espace.*

EXEMPLES. I. *Un vaisseau peut avoir, au maximum, une vitesse de 6 mètres par seconde ; en supposant son mouvement uniforme, quel espace parcourt-il dans une heure ?*

On a ici $\qquad v = 6^{m}$ et $t = 3600''$;

donc $\qquad e = 6^{m} \times 3600 = 21600^{m}$ ou $21^{km},6$

II. *Un point situé à l'équateur parcourt en 24 heures une circonférence qui a 6377,946 mètres de rayon ; quelle est sa vitesse ?*

On a $\qquad e = 6377946^{m} \times 2\pi$ et $t = 86400''$;

donc $\qquad v = \dfrac{6377946^{m} \times 2\pi}{86400} = 463^{m},8..$

III. *Le maximum de vitesse que l'on puisse donner à un convoi sur un chemin de fer est de 25 mètres par seconde; si le convoi avait un mouvement uniforme, quel temps emploierait-il à parcourir avec cette vitesse la distance de Paris à Versailles (rive gauche), qui est de 17 kilomètres?*

On a $\qquad e = 17000^m \quad$ et $\quad v = 25^m$;

donc $\qquad t = \dfrac{17000}{25} = 680'' \quad$ ou $\quad 11'\,20''$

8. Nous avons supposé que l'origine des espaces correspondait à l'origine du temps, c'est-à-dire que le mobile occupait l'origine des espaces à l'instant initial. Si cela n'avait pas lieu, et que pour $t = 0$ on n'eût pas $e = 0$, mais $e = e_0$, en désignant par e_0 l'arc de trajectoire compris entre l'origine des espaces et la position initiale du mobile, l'espace parcouru au bout du temps t ne serait plus e mais $e - e_0$; et la relation [1] devrait être remplacée par

[2] $\qquad e - e_0 = vt \quad$ d'où $\quad e = e_0 + vt$

relation dans laquelle les quantités e, e_0, v et t sont susceptibles d'être positives ou négatives suivant le sens dans lequel elles sont comptées.

L'équation [2] est l'équation la plus générale du mouvement uniforme sur une ligne donnée, dont e désigne l'arc variable compté à partir d'un point fixe sur cette ligne.

9. Lorsqu'on sait que le mouvement est uniforme, deux observations suffisent pour déterminer les constantes e_0 et v, et avoir, par conséquent, l'équation du mouvement.

Supposons, par exemple, que $2''$ après l'instant initial on ait observé la distance du mobile à l'origine des espaces, et qu'on l'ait trouvée de $1^m,40$; puis que $5''$ après l'instant initial on ait de nouveau observé la distance du mobile à l'origine des espaces, et qu'on l'ait trouvée de $0^m,80$; ces valeurs mises dans la relation [2] donneront les deux équations :

$$1^m,40 = e_0 + v \cdot 2.$$
$$0^m,80 = e_0 + v \cdot 5.$$

d'où l'on tire : $\qquad e_0 = 1^m,80,$

et $\qquad v = -0^m,20;$

c'est-à-dire qu'à l'instant initial le mobile était à $1^m,80$ de l'origine des espaces, du côté des e positifs, et qu'il se dirigeait vers les e négatifs avec une vitesse de $0^m,20$ en valeur absolue. L'équation de son mouvement est ainsi :

$$e = 1^m,80 - 0^m,20 \cdot t$$

Si l'on veut savoir à quel instant il a passé par l'origine des espaces, il suffit de chercher quelle est la valeur de t qui donne $e = 0$; et l'on trouve :

$$0 = 1^m,80 - 0^m,20 \cdot t \quad \text{d'où} \quad t = 9''.$$

10. Il est rare que les mouvements qui se produisent journellement sous nos yeux soient rigoureusement uniformes ; mais lorsqu'ils ne s'écartent pas trop de l'uniformité, il est commode, dans les applications, de leur substituer un mouvement fictif uniforme, et de même durée. La vitesse de ce mouvement uniforme est ce qu'on nomme la *vitesse moyenne* du mouvement réel ; elle s'obtient en divisant l'espace total que le mobile a parcouru par le temps total employé à le parcourir.

Supposons, par exemple, qu'une voiture ait parcouru 66 kilomètres en 6 heures, son mouvement n'a point été uniforme; mais si l'on divise l'espace total, 66 000 mètres, par la durée totale du trajet, ou $21\,600''$, le quotient, $3^m,055$, sera la vitesse qu'il faudrait supposer à un mobile pour qu'il pût parcourir, d'un mouvement uniforme, 66 kilomètres en six heures ; ce sera la vitesse moyenne du mouvement observé.

Au lieu de rapporter la vitesse moyenne à la seconde, on la rapporte souvent à l'heure. Ainsi, dans l'exemple précédent, au lieu de $3^m,055$ par seconde, on prendrait 11 kilomètres par heure.

Voici quelques vitesses moyennes qu'il peut être utile de connaître.

Nature du mobile.	Vitesse par seconde.	Vitesse par heure.
Homme, au pas, sans charge et sur un terrain horizontal.	$1^m,50$	$5^{km},4$
— plus grande vitesse.	7 ,00	»
Cheval, au pas.	1 ,20	4 ,32
— au petit trot.	2 ,22	8 ,00
— au trot des malles-postes.	4 ,44	16 ,00
— train des courses.	15 ,60	»
Hirondelle.	30 à 40 mètres	»

Nature du mobile.	Vitesse par seconde.	Vitesse par heure.
Seine, à Paris, à l'étiage	$0^m,07$	$2^{km},4$
Rhône, à Lyon, —	$2 ,20$	$7 ,9$
Vents, brise légère	$1 ,00$	»
— frais	$2 ,00$	»
— bon frais	5 à 7 mètres	»
— forte brise	10 à 12	»
— impétueux	15 à 20	»
— tempête	25 à 30	»
— ouragan	40 à 50	»
Vaisseaux, plus grande vitesse	$6^m,00$	$21 ,06$
Wagons, —	$25 ,00$	$90 ,08$
La Terre, dans son orbite	$30^{km},705 ,00$	»

§ III. Mouvement varié. Vitesse à un instant donné. Comment elle se détermine par le calcul ou par le tracé d'une tangente à une courbe, quand l'espace est une fonction donnée du temps.

11. Lorsque le mouvement n'est ni uniforme, ni composé de mouvements uniformes, il prend le nom de *mouvement varié*.

Quelle que soit la nature de ce mouvement, on peut toujours regarder l'espace e (ou l'arc de trajectoire compris entre la position actuelle du mobile et l'origine des espaces) comme une fonction du temps t écoulé depuis l'instant initial. Concevons que le temps t croisse d'une quantité θ, l'espace e prendra un accroissement correspondant ε ; et si l'on voulait avoir la vitesse moyenne du mobile (**10**) pendant le temps θ, il faudrait diviser ε par θ. Le quotient $\frac{\varepsilon}{\theta}$ varie en général avec ε et θ; mais si l'on fait tendre θ et ε vers *zéro*, leur rapport tendra généralement vers une limite fixe que nous désignerons par v. Cette limite est ce que l'on appelle *la vitesse au bout du temps* t; c'est la vitesse moyenne du mobile pendant l'instant infiniment court qui succède au temps t.

Ou bien encore : si, à la suite du temps t, on considère une durée θ assez courte pour que, pendant cette durée, le mouvement du mobile puisse être considéré comme uniforme, la vitesse de ce mouvement uniforme, ou l'espace que le mobile parcourrait en $1''$ si ce mouvement uniforme se prolongeait, est ce que l'on appelle la vitesse au bout du temps t.

12. Puisque e peut être considéré comme une fonction de la variable t, on voit, d'après la définition de la vitesse au bout du temps t, que c'est la limite du rapport entre l'accroissement de la fonction e et l'accroissement de la variable, ou, en d'autres termes, la *dérivée première* de la fonction e par rapport à t. En sorte que si l'on a

$$e = \varphi(t)$$

on en déduira $\qquad v = \varphi'(t)$

ExEMPLES. I. Si l'on a $\qquad e = a + bt$

on aura $\qquad v = b$

et la vitesse sera constante, comme cela doit être, puisque l'équation $e = a + bt$ est celle du mouvement uniforme.

II. Soit $\qquad e = a + bt + ct^2 + dt^3 \ldots + Nt^n$;

on aura $\qquad v = b + 2ct + 3dt^2 \ldots + nNt^{n-1}$.

III. Soit $\qquad e = A \sin mt,$

on aura $\qquad v = mA \cos mt.$

13. Au lieu de déterminer la vitesse v par le calcul, on peut encore le faire par une construction géométrique.

Tirons deux axes rectangulaires OT et OE (fig. 2); prenons pour abcisses les valeurs de t et pour ordonnées les valeurs correspondantes de e, et traçons la courbe qui a pour équation

$$e = \varphi(t)$$

Soit AB cette courbe, et M le point qui correspond à la valeur particulière de t pour laquelle on veut obtenir la vitesse v. On vient de voir que cette vitesse a pour valeur la dérivée $\varphi'(t)$. Or, on sait que cette dérivée n'est autre chose que le coefficient angulaire de la tangente MD menée à la courbe au point M. Pour obtenir ce coefficient angulaire, ou la tangente trigonométrique de l'angle que fait la tangente MD avec l'axe OT, menez MC parallèle à cet axe et égal à l'unité de l'échelle, et élevez-lui la perpendiculaire CD terminée à la tangente MD; la longueur CD sera la valeur de la vitesse au bout du temps t. On aura en effet :

$$CD = MC.tgDMC = 1.\varphi'(t) = \varphi'(t) = v.$$

Au lieu d'avoir à déterminer la courbe par points d'après son équation, il peut arriver qu'on l'obtienne toute tracée d'un mouvement continu par le mobile lui-même (5). C'est ce qui a lieu, par exemple, quand, pour déterminer les lois de la chute verticale des corps pesants, on fait usage de l'appareil à cylindre tournant et à indication continue (voir le cours de Physique). Tandis que le cylindre tourne uniformément autour de son axe vertical, la tige verticale à laquelle le mobile est suspendu tombe en restant à une même distance de la surface du cylindre, et un pinceau, fixé à l'extrémité supérieure de la tige, trace sur cette surface, pendant la chute du corps pesant, une courbe dont les ordonnées verticales, comptées à partir de la position initiale du pinceau, sont les espaces parcourus par le mobile, et dont les abscisses horizontales sont proportionnelles au temps.

Les appareils à plateau tournant et à indication continue dont M. Morin a fait usage dans ses expériences, d'après les idées de M. Poncelet, conduisent à des résultats du même genre ; seulement la courbe obtenue est alors rapportée à des coordonnées polaires. Il serait facile de la transformer en une autre rapportée à des coordonnées rectangulaires et ayant pour abscisses les temps et pour ordonnées les espaces. Mais de plus longs détails sur cet objet nous éloigneraient de notre but.

14. La même construction serait applicable si, au lieu d'avoir e en fonction de t, on avait simplement une *table* donnant un certain nombre de valeurs de e correspondantes à autant de valeurs de t. Au lieu d'avoir dans ce cas l'équation de la courbe, on en aurait un certain nombre de points ; et, si ce nombre de points était suffisant, on tracerait approximativement la courbe ; on prendrait OP égal à la valeur de t pour laquelle on se propose d'avoir la vitesse ; on élèverait l'ordonnée PM jusqu'à la rencontre de la courbe en un point M ; on mènerait la tangente en ce point, et l'on achèverait comme ci-dessus la détermination de la vitesse.

15. La discussion de l'ordonnée de la courbe fait connaître les variations de l'espace e représenté par cette ordonnée. Ainsi, toutes les fois que la courbe va en s'éloignant de l'axe des temps OT, au-dessus de cet axe, c'est que le mobile marche du côté des e positifs ; on dit alors que son mouvement est *progressif* ou *direct*. Toutes les fois, au contraire, que la courbe va en se rapprochant de l'axe des temps, étant d'ailleurs située au-dessus de cet axe, c'est que le mobile se rapproche de l'origine des espaces en marchant vers les *e* négatifs; on dit alors que son mouvement est *rétrograde*. Si la courbe était située au-dessous de l'axe des temps, le mouvement serait direct toutes les fois que la courbe se rapproche de l'axe; il serait rétrograde quand la courbe s'éloigne de cet axe.

Le mobile vient passer à l'origine des espaces toutes les fois que la courbe vient toucher ou couper l'axe des temps.

La discussion de la tangente à la courbe fait connaître les variations de la vitesse *v*, représentée par le coefficient angulaire de cette tangente. Toutes les fois que le mouvement est direct, la vitesse va en augmentant si la courbe tourne sa convexité vers le bas (fig. 3 et 4); elle va en diminuant si la courbe tourne sa convexité vers le haut (fig. 5 et 6). Toutes les fois que le mouvement est rétrograde, la vitesse va en augmentant si la courbe tourne sa convexité vers le haut (fig. 7 et 8); elle va en diminuant si la courbe tourne sa convexité vers le bas (fig. 9 et 10).

La vitesse est nulle toutes les fois que l'ordonnée passe par un maximum ou par un minimum (fig. 11 et 12). On voit en même temps que, dans le premier cas (fig. 11), le mouvement qui était d'abord direct devient rétrograde; et, dans le second cas (fig. 12), le mouvement qui était d'abord rétrograde devient direct. Ainsi la vitesse devient nulle toutes les fois que le sens du mouvement change. Elle pourrait encore devenir nulle sans que le sens du mouvement changeât; c'est ce qui arriverait si la courbe avait un point d'inflexion pour lequel la tangente fût parallèle à l'axe des temps (fig. 13).

Le lecteur exercé à la discussion des courbes apercevra facilement toutes les circonstances que le mouvement peut présenter.

Supposons, par exemple, que le mouvement d'un point matériel sur sa trajectoire connue soit représenté par la courbe O'A'B'C'D' (fig. 14); on verra sans peine qu'à l'instant initial le mobile est à une distance de l'origine des espaces égale à OO'; pendant le temps OA le mouvement est direct et la vitesse va en diminuant; au bout du temps OA la vitesse devient nulle, et à partir de cet instant le mouvement devient rétrograde et la vitesse va en augmentant; au bout du temps OB, qui correspond à un point d'inflexion B′, le mouvement continuant à être rétrograde, sa vitesse commence à diminuer, en sorte qu'à l'instant OB la vitesse a passé par un maximum; au bout du temps OC la vitesse redevient nulle; et, à partir de cet instant, le mouvement redevient direct et la vitesse augmente sans cesse.

Le lecteur pourra s'exercer sur les exemples auxquels s'appliquent les équations ci-dessous :

$$e = 2t - \tfrac{1}{18}t^3;$$
$$e = 4\sin\tfrac{1}{4}t + 3\cos\tfrac{1}{4}t;$$

et sur celui auquel correspond la *table* suivante :

$t =$	0	1″	2″	3″	4″	5″	6″	7″	8″	9″	10″	11″	12″
$e =$	+6	+4,5	−1	−3	−0,4	+2,4	+1,8	+1	+1	+1,4	+2,5	+4,4	+7,1

dans laquelle on pourra prendre pour unité une longueur arbitraire.

§ IV. **Mouvement uniformément varié.** — La vitesse s'accroît de quantités proportionnelles aux temps écoulés. — L'expérience sur la chute des corps dans le vide en fournit un exemple. — Valeur de l'accélération g, dans ce cas.

16. Le plus simple des mouvements variés est celui dans lequel la vitesse varie de quantités proportionnelles au temps, et que pour cette raison on nomme *uniformément varié*.

Si v_0 désigne la valeur de la vitesse à l'origine du temps, v sa valeur au bout du temps t, et w la quantité dont la vitesse varie dans 1″ (ou *varierait* si le mouvement durait au moins une seconde); la quantité dont la vitesse aura varié au bout du temps t sera $v - v_0$; mais, d'après la définition, cette quantité aura aussi pour valeur la variation w relative à une seconde, multipliée par le nombre de secondes contenues dans t, c'est-à-dire le produit wt. On aura donc

$$[1] \qquad v - v_0 = wt \quad \text{ou} \quad v = v_0 + wt;$$

relation dans laquelle w est, aussi bien que v, v_0 et t, une quantité algébrique, c'est-à-dire susceptible d'être positive ou négative.

Cette quantité w dont la vitesse varie (ou varierait) dans 1″, prend le nom d'*accélération*. La relation [1] exprime donc que la vitesse au bout du temps t est la somme algébrique de la vitesse initiale v_0 et du produit wt de l'accélération par le temps.

L'accélération w est de même nature que la vitesse, c'est-à-dire que c'est *une longueur*.

L'équation [1] mise sous la forme

$$\frac{u - v_0}{t} = w,$$

montre qu'*on peut obtenir l'accélération en divisant la différence des vitesses extrêmes par le temps.*

17. Lorsque la vitesse initiale v_0 et l'accélération w sont de même signe, la vitesse v croît sans cesse en valeur absolue, et le mouvement est dit *uniformément accéléré*. Il est direct si v_0 et w sont tous deux positifs, rétrograde si v_0 et w sont tous deux négatifs.

Lorsque la vitesse initiale et l'accélération sont de signes contraires, la vitesse v commence par décroître en valeur absolue, et le mouvement est dit *uniformément retardé*. Il est direct ou rétrograde, dans cette première période, suivant que v_0 est positif ou négatif.

Mais la vitesse devient nulle au bout du temps donné par l'équation

$$0 = v_0 + wt \quad \text{d'où} \quad t = -\frac{v_0}{w},$$

quantité positive puisque v_0 et w sont supposés de signe contraire.

Au delà de cet instant, c'est le terme wt qui donne son signe à la valeur de v, et la vitesse croît indéfiniment en valeur absolue, de sorte que le mouvement est devenu uniformément accéléré ; seulement, il a changé de sens : il est devenu rétrograde de direct qu'il était si w est négatif et v_0 positif ; il est, au contraire, devenu direct de rétrograde qu'il était auparavant, si c'est w qui est positif et v_0 négatif.

Lorsque la vitesse initiale est nulle, on a simplement :

$$[2] \qquad v = wt.$$

Le mouvement est toujours, dans ce cas, uniformément accéléré ; il est direct ou rétrograde, suivant que l'accélération w est positive ou négative. La vitesse est proportionnelle au temps.

Si l'on fait $t = 1$ dans la relation [2], il reste $v = w$; c'est-à-dire que, quand le mobile n'a pas de vitesse initiale, l'accélération n'est autre chose que la vitesse au bout d'une seconde.

18. Pour calculer la valeur de l'espace e parcouru au bout du temps t, il faut se rappeler que l'expression de la vitesse est la dérivée première de la fonction de t qui exprime l'espace (**12**). La question revient donc à trouver la fonction de t, qui a pour dérivée $v_0 + wt$.

Or, d'après les règles du calcul des dérivées, puisque la dérivée donnée est du premier degré, la fonction dont elle dérive doit être du second; et l'on peut poser :

$$e = a + bt + ct^2 \qquad [3]$$

a, b et c étant des constantes dont il reste à déterminer la valeur.

Mais la dérivée de cette fonction est $b + 2ct$. Pour que cette dérivée soit identique avec $v_0 + wt$, indépendamment de toute valeur particulière de t, il faut qu'on ait $b = v_0$ et $2c = w$, d'où $c = \frac{1}{2}w$.

De plus, si e_0 désigne l'arc de trajectoire compris entre l'origine des espaces et la position initiale du mobile, il faut que la valeur de e se réduise à e_0 pour $t = 0$, ce qui exige qu'on ait $a = e_0$. La valeur générale de l'espace, dans le mouvement uniformément varié, est donc :

$$[4] \qquad e = e_0 + v_0 t + \tfrac{1}{2}wt^2.$$

Si l'on voulait, comme au n° **13**, construire la courbe représentée par cette équation, il est aisé de voir qu'on obtiendrait une parabole dont l'axe serait parallèle à l'axe des espaces.

19. Si l'on sait qu'un mobile, dont la trajectoire est connue, a un mouvement uniformément varié, il suffit de trois observations pour déterminer les constantes e_0, v_0, w qui entrent dans l'équation de son mouvement ; et dès lors ce mouvement est complétement connu.

Si, par exemple, aux valeurs

$$t = 6'', \quad t = 7'', \quad t = 8''$$

correspondent les valeurs

$$e = 4^m, \quad e = 11^m, \quad e = 20^m$$

en substituant ces valeurs dans la relation [4], on aura, pour déterminer e_0, v_0 et w les trois équations

$$4 = e_0 + 6v_0 + 36.\tfrac{1}{2}w$$
$$11 = e_0 + 7v_0 + 49.\tfrac{1}{2}w$$
$$20 = e_0 + 8v_0 + 64.\tfrac{1}{2}w$$

d'où l'on tire $\quad e_0 = 4^m, \ v^0 = -6^m, \ w = 2^m$.

Par suite, l'équation du mouvement est :

$$e = 4^m - 6^m t + 1^m t^2.$$

La parabole représentée par cette équation a la forme indiquée par la figure 15. La discussion de l'équation ou l'inspection de la courbe montrent, qu'à partir de l'instant initial le mouvement est d'abord rétrograde, et la vitesse va en diminuant; elle devient nulle pour $t = 3''$; le mobile est alors à 5 mètres de l'origine des espaces, du côté des e négatifs; à partir de cet instant le mouvement devient direct, et la vitesse va sans cesse en augmentant. Le mobile passe deux fois à l'origine des espaces : la première fois au bout d'un temps $t = 3 - \sqrt{5} = 0'',764$ pendant la période rétrograde; la seconde fois au bout d'un temps $t = 3 + \sqrt{5} = 5'',236$ pendant la période directe.

20. Réciproquement : Si le mouvement d'un point matériel sur sa trajectoire peut être représenté par une équation de la forme :

$$e = a + bt + ct^2$$

ce mouvement est uniformément varié.

Car on tire de cette relation, pour la vitesse,

$$v = b + 2ct \; ;$$

et l'on voit que la vitesse varie d'une quantité $2ct$ proportionnelle au temps, ce qui est la définition du mouvement uniformément varié.

21. Théorème. *Dans le mouvement uniformément varié, l'espace parcouru par le mobile à partir d'une position quelconque, est le même que celui qu'il parcourrait dans le même temps avec une* *vitesse constante, égale à la moyenne arithmétique entre ses vitesses au commencement et à la fin du temps considéré.*

En effet : soient e' et v' les valeurs de e et de v au bout du temps t'; on aura

$$e = e_0 + v_0 t + \tfrac{1}{2} g t^2 \quad \text{et} \quad e' = e_0 + v_0 t' + \tfrac{1}{2} g t'^2.$$

L'espace parcouru pendant le temps $t' - t$, c'est-à-dire $e' - e$, aura donc pour valeur

$$e' - e = v_0 (t' - t) + \tfrac{1}{2} g (t'^2 - t^2).$$

Or, on a aussi

$$v = v_0 + gt \quad \text{et} \quad v' = v_0 + gt'.$$

La moyenne de ces deux vitesses est

$$\tfrac{1}{2}(v' + v) = v_0 + \tfrac{1}{2} g (t' + t).$$

L'espace parcouru pendant le temps $t' - t$, avec cette vitesse moyenne, aurait donc pour valeur

$$[v_0 + \tfrac{1}{2} g (t' + t)](t' - t) \quad \text{ou} \quad v_0 (t' - t) + \tfrac{1}{2} g (t'^2 - t^2),$$

c'est-à-dire qu'il serait le même que $e' - e$.

22. Si le mobile part du repos et que l'on prenne sa position initiale pour origine des espaces, les équations [1] et [4] se réduisent à

$$[5] \qquad v = wt \quad \text{et} \quad e = \tfrac{1}{2} w t^2 \qquad [6].$$

La première montre que *les vitesses sont proportionnelles aux temps;* et la seconde que *les espaces sont comme les carrés des temps.* Car si e' et v' désignent les valeurs de l'espace et de la vitesse au bout du temps t', on aura

$$v' = wt' \quad \text{et} \quad e' = \tfrac{1}{2} w t'^2,$$

équations qui, comparées aux précédentes, donnent immédiatement :

$$v : v' :: t : t' \quad \text{et} \quad e : e' :: t^2 : t'^2.$$

Il en résulte aussi que *les espaces sont comme les carrés des vitesses* ou *les vitesses comme les racines carrées des espaces.*

Enfin, dans les mêmes hypothèses, *l'accélération est le double de l'espace parcouru dans la première seconde.*

Car si l'on fait $t = 1$ dans l'équation [6], il vient :

$$e = \tfrac{1}{2}w \quad \text{d'où} \quad w = 2e.$$

Cette propriété subsisterait encore lors même que l'origine des espaces ne serait pas la position initiale du mobile, pourvu que la vitesse initiale fût encore nulle. On aurait en effet dans ce cas

$$e = e_0 + \tfrac{1}{2}wt^2$$

et pour $t = 1$,

$$e = e_0 + \tfrac{1}{2}w \quad \text{d'où} \quad w = 2(e - e_0).$$

Or $e - e_0$ est, dans ce cas, l'espace *parcouru* dans la première seconde.

Remarque. On vérifie facilement sur les équations [5] et [6] le théorème démontré au n° **21**.

Car les vitesses au commencement et à la fin du temps t étant *zéro* et v, leur moyenne est $\tfrac{1}{2}v$ ou $\tfrac{1}{2}wt$ en vertu de l'équation [5]. L'espace parcouru dans le temps t avec cette vitesse moyenne serait $\tfrac{1}{2}wt \times t$ ou $\tfrac{1}{2}wt^2$, c'est-à-dire e en vertu de l'équation [6].

23. L'expérience fait voir que le mouvement vertical des corps pesants dans le vide est un mouvement uniformément varié, dont l'accélération, la même pour tous les corps, quelle que soit leur nature, est $9^m,8088$. C'est le double de l'espace parcouru dans la première seconde de chute (**22**). On désigne habituellement ce nombre par la lettre g, initiale du mot *gravité*; on verra plus loin par quelle raison.

Considérons d'abord un point matériel tombant dans le vide d'une hauteur h et sans vitesse initiale. En nommant v sa vitesse au bas de la chute, et t la durée de cette chute, on aura, en vertu des équations [5] et [6] du numéro **20**,

$$[7] \qquad v = gt \quad \text{et} \quad h = \tfrac{1}{2}gt^2 \qquad [8].$$

Ces relations peuvent servir à résoudre divers problèmes.

I. *Connaissant la hauteur d'où le mobile tombe, trouver sa vitesse au bas de la chute et la durée de cette chute.*

En éliminant t entre les équations [7] et [8], on trouve :

$$v^2 = 2gh, \quad \text{d'où} \quad v = \sqrt{2gh}.$$

Par suite, l'équation [7] donne

$$t = \frac{v}{g} = \frac{\sqrt{2gh}}{g} = \sqrt{\frac{2h}{g}}.$$

EXEMPLE. Soit $h = 100^m$; on trouve $v = 44^m,29\ldots$ et $t = 4'',5\ldots$

II. *De quelle hauteur le mobile doit-il tomber pour acquérir une vitesse donnée; et quelle sera la durée de la chute?*

On tire d'abord de l'équation [7]

$$t = \frac{v}{g},$$

et, en substituant cette valeur dans l'équation [8], il vient

$$h = \frac{v^2}{2g}.$$

EXEMPLE. Soit $v = 1^m$; on trouve $t = 0'',1\ldots$ et $h = 0^m,051\ldots$

III. *Connaissant la durée de la chute, trouver la hauteur d'où le mobile est tombé, et la vitesse acquise au bas de la chute.*

Les équations [7] et [8] résolvent immédiatement le problème.

EXEMPLE. Soit $t = 10''$; on trouve $h = 490^m,44$, et $v = 98^m,088$.

IV. *Deux corps pesants tombent du même point dans le vide, mais à un intervalle de temps* θ; *on demande au bout de quel temps ils seront distants de* a *mètres?*

Soit t le temps cherché, e et e' les espaces parcourus au bout de ce temps par les deux mobiles. On aura pour le premier

$$e = \tfrac{1}{2}gt^2.$$

La durée de la chute du second étant $t - \theta$, on aura de même

$$e' = \tfrac{1}{2}g(t - \theta)^2.$$

Soustrayant membre à membre, on obtient

$$e - e' \quad \text{ou} \quad a = \tfrac{1}{2}gt^2 - \tfrac{1}{2}g(t - \theta)^2 = \tfrac{1}{2}g(2t\theta - \theta^2);$$

d'où

$$t = \frac{a}{g\theta} + \tfrac{1}{2}\theta.$$

EXEMPLE. Soit $\theta = 0'',1$ et $a = 10^m$; comme $g = 9^m,8088$, on trouvera

$$t = 10'',24.$$

V. *Un observateur laisse tomber une pierre dans un puits, et perçoit le bruit de sa chute* t *secondes après. Sachant que le son parcourt* a *mètres par seconde, on demande la profondeur du puits.*

Soit x la profondeur cherchée. La durée de la chute, d'après l'équation [8], sera $\sqrt{\dfrac{2x}{g}}$. Le temps employé par le son à parcourir la distance du fond du puits à l'orifice sera $\dfrac{x}{a}$. La somme de ces deux temps doit faire l'intervalle observé t; on a donc

$$\frac{x}{a} + \sqrt{\frac{2x}{g}} = t.$$

Posons $\sqrt{x} = y$, d'où $x = y^2$, il viendra

$$\frac{y^2}{a} + \sqrt{\frac{2}{g}} \cdot y = t,$$

d'où l'on tire

$$y = -\sqrt{\frac{a^2}{2g}} \pm \sqrt{\frac{a^2}{2g} + at},$$

et par suite

$$x = \left(-\sqrt{\frac{a^2}{2g}} \pm \sqrt{\frac{a^2}{2g} + at}\right)^2.$$

Comme on doit avoir

$$\frac{x}{a} < t \quad \text{ou} \quad x < at,$$

on reconnaît, en développant le carré, que pour satisfaire à cette condition il faut prendre le signe supérieur du radical. On écrira donc :

$$x = \left(\sqrt{\frac{a^2}{g} + at} - \sqrt{\frac{a^2}{2g}}\right)^2.$$

EXEMPLE. Soit $t = 5''$; en prenant $a = 340^m$, on trouvera $x = 107^m,58$.

24. Considérons maintenant un point matériel pesant, lancé verticalement dans le vide, de bas en haut, avec une vitesse initiale v_0. Le mouvement, dans ce cas, est d'abord uniformément retardé, et l'accélération, de signe contraire à la vitesse initiale (**17**), a encore pour valeur absolue $g = 9^m,8088$. Nous verrons plus loin comment on a pu s'en assurer. Il ne s'agit, pour le moment, que de présenter un exemple remarquable de mouvement uniformément varié.

Si nous plaçons l'origine des espaces au point de départ du mobile, que nous nommions h la hauteur à laquelle le mobile est parvenu au bout du temps t, l'équation [1] du n° **16** deviendra :

$$[9] \qquad v = v_0 - gt$$

et l'équation [4] du n° **18** prendra la forme :

$$[10] \qquad h = v_0 t - \tfrac{1}{2} g t^2,$$

On peut à l'aide de ces deux relations résoudre aussi divers problèmes.

25. Le plus intéressant consiste à déterminer la hauteur totale à laquelle le mobile parviendra.

Pour cela, on remarque d'abord, comme au n° **17**, que la vitesse s'annule au bout d'un temps donné par la relation

$$0 = v_0 - gt \quad \text{d'où} \quad t = \frac{v_0}{g}.$$

Portant cette valeur de t dans l'équation [10], elle devient

$$h = \frac{v_0^2}{g} - \tfrac{1}{2} \frac{v_0^2}{g} = \frac{v_0^2}{2g}.$$

En comparant cette valeur de h à celle qui a été obtenue en résolvant le problème II du n° **23**, on reconnaît que *la hauteur à laquelle le mobile parviendra est précisément celle d'où il faudrait qu'il tombât pour acquérir au bas de sa chute une vitesse égale à celle qu'il avait à l'origine de son mouvement ascendant.*

26. Au bout du temps $t = \dfrac{v_0}{g}$, le mobile redescend ; la vitesse v devient négative et va en augmentant en valeur absolue ; le mouvement devient donc uniformément accéléré ; ce qu'il était facile de prévoir, puisque le mobile, parvenu au point le plus élevé de la course, où sa vitesse est nulle, se trouve dans les mêmes conditions que si on le laissait tomber librement sans vitesse initiale.

Mais la descente, comparée à la montée, présente cette circonstance remarquable qu'*à une même hauteur la vitesse est la même en valeur absolue;* c'est-à-dire que si, dans la montée, le mobile parvenu à une certaine hauteur h possède une certaine vitesse v, revenu à la même hauteur h dans la descente, il aura repris la même vitesse v; seulement cette seconde vitesse sera de sens contraire à la première.

Pour le faire voir, tirons de la relation [10] les valeurs de t en fonction de h, savoir :

$$t = \frac{v_0 \pm \sqrt{v_0^2 - 2gh}}{g},$$

et substituons-les dans la relation [9], nous obtiendrons

$$v = \pm \sqrt{v_0^2 - 2gh},$$

valeurs qui sont bien égales et de signes contraires. La positive répond à la plus petite des deux valeurs de t, par conséquent à la montée; et la négative à la plus grande des deux valeurs de t, par conséquent à la descente.

La propriété démontrée au n° **25** n'est qu'un cas particulier de celle que nous venons d'établir.

27. Une autre propriété du mouvement que nous étudions consiste en ce que *le temps employé par le mobile pour s'élever du point de départ à une hauteur quelconque* h, *est égal à celui qu'il emploie pour revenir de cette même hauteur* h *au point de départ.*

Pour le démontrer, soit O (fig. 16) le point de départ; soit B le point le plus élevé, et A un point quelconque entre O et B; OA sera ce que nous avons appelé en général h. Le temps employé par le mobile pour s'élever de O en A sera la plus petite des deux valeurs de t obtenues au numéro précédent, savoir :

$$t' = \frac{v_0 - \sqrt{v_0^2 - 2gh}}{g}.$$

Le temps employé par le mobile pour s'élever jusqu'en B et redescendre en A sera la plus grande de ces deux valeurs, ou

$$t'' = \frac{v_0 + \sqrt{v_0^2 - 2gh}}{g}.$$

D'ailleurs le temps T employé par le mobile pour parcourir OB et ensuite BO s'obtiendra en faisant $h = 0$ dans la valeur de t'', ce qui donne

$$T = \frac{2v_0}{g}.$$

Or, le temps employé, dans la descente, pour parcourir l'intervalle AO est $T - t''$ ou

$$\frac{2v_0}{g} - \frac{v_0 + \sqrt{v_0^2 - 2gh}}{g}, \quad \text{ou encore} \quad \frac{v_0 - \sqrt{v_0^2 - 2gh}}{g};$$

il est donc le même que le temps t' employé par le mobile à s'élever de O en A.

Ce qui précède fournit le moyen de résoudre le problème suivant.

PROBLÈME. *Un mobile lancé verticalement de bas en haut, dans le vide, revient au point de départ au bout de T secondes; quelle était sa vitesse initiale, et à quelle hauteur s'est-il élevé?*

La durée T, d'après ce qui a été dit ci-dessus, a pour valeur

$$T = \frac{2v_0}{g},$$

on en tire

$$v_0 = \tfrac{1}{2}gT.$$

Substituant cette valeur dans l'expression de la plus grande hauteur à laquelle le mobile s'élève, savoir :

$$h = \frac{v_0^2}{2g},$$

on trouve

$$h = \tfrac{1}{8}gT^2.$$

EXEMPLE. Soit $T = 6''$; on trouvera $v_0 = 29^m,4264$ et $h = 44^m,1396$.

28. REMARQUE. La vitesse qu'acquiert un mobile au bas de sa course en tombant d'une hauteur h dans le vide, sans vitesse initiale, a pour expression (**23**, I)

$$v = \sqrt{2gh};$$

cette vitesse a reçu le nom de *vitesse due à la hauteur* h.

La hauteur à laquelle parvient un mobile lancé verticalement de bas en haut, dans le vide, avec la vitesse initiale v, a pour valeur (**25**)

$$h = \frac{v^2}{2g};$$

cette hauteur porte le nom de *hauteur due à la vitesse* v.

La vitesse due à une hauteur h, et la hauteur due à une vitesse v sont d'un usage continuel dans les applications.

§ V. De l'accélération dans le mouvement varié en général, quand la vitesse est donnée, en fonction du temps, par une équation ou une courbe.

29. Considérons un mouvement varié qui aille en s'accélérant d'une manière quelconque, depuis la vitesse v_0 correspondant à l'instant initial, jusqu'à une vitesse v correspondant au temps t. On peut toujours concevoir un mouvement fictif uniformément varié dans lequel les vitesses correspondant aux temps 0 et t soient précisément v_0 et v; et l'on a vu (**16**) que pour avoir l'accélération de ce mouvement uniformément varié, il suffit de diviser la différence $v - v_0$ des vitesses extrêmes par le temps t; en sorte qu'en nommant w cette accélération on aurait

$$w = \frac{v - v_0}{t}.$$

Cette accélération du mouvement fictif uniformément varié serait par rapport au mouvement réel, ce qu'on pourrait appeler une *accélération moyenne*.

Ce que nous venons de dire d'un mouvement, d'ailleurs quelconque, mais qui va toujours en s'accélérant, pourrait se dire d'un mouvement quelconque allant toujours en se ralentissant; seulement v serait alors moindre que v_0, et l'accélération moyenne serait négative.

Cela posé, considérons maintenant un mouvement varié quelconque. Soit toujours v la vitesse au bout du temps t. On peut toujours faire croître le temps t d'une quantité θ assez petite pour que, pendant cette durée θ, la vitesse aille toujours en augmentant ou toujours en diminuant. Soit υ la quantité dont cette vitesse v aura varié dans l'intervalle de temps θ. En divisant υ par θ on aura l'*accélération moyenne* (positive ou négative) pendant le temps θ. Le quotient $\frac{\upsilon}{\theta}$ est en général variable avec υ

et θ; mais si l'on fait tendre υ et θ vers zéro, leur rapport tendra vers une limite fixe que nous désignerons par w. Cette limite est ce qu'on nomme l'*accélération au bout du temps* t; c'est l'accélération moyenne du mobile pendant l'instant infiniment petit qui succède au temps t.

30. Si l'espace e est une fonction donnée du temps t, de sorte qu'on ait

$$e = \varphi(t);$$

on a vu (**12**) que la vitesse v est la dérivée première de cette fonction par rapport au temps; en sorte qu'on a

$$v = \varphi'(t).$$

Mais, d'après ce qu'on vient de voir, l'accélération w au bout du temps t est la limite du rapport entre l'accroissement de v et l'accroissement de t; c'est donc la dérivée première de la fonction $\varphi'(t)$ par rapport au temps, ou, ce qui revient au même, la *dérivée seconde* de la fonction $\varphi(t)$. On peut donc écrire

$$w = \varphi''(t)$$

EXEMPLES. I. Si l'on a

$$e = a + bt,$$

on aura
$$w = 0.$$

Ainsi, *dans le mouvement uniforme l'accélération est nulle.*

II. Si l'on a $\qquad e = a + bt + ct^2,$

on aura $\qquad w = 2c$;

c'est-à-dire que, *dans le mouvement uniformément varié, l'accélération est constante,* ce que nous savions déjà.

III. Si l'on a en général

$$e = a + bt + ct^2 + dt^3 \ldots + Nt^n;$$

on aura $\qquad w = 2c + 2.3\,dt \ldots \ldots \ldots + n(n-1)Nt^{n-2}.$

IV. Soit $\qquad e = A \sin mt$;

on trouvera $\qquad w = -m^2 A \sin mt.$

31. Au lieu de déterminer l'accélération w par le calcul, on peut encore le faire par une construction géométrique; et cette méthode est surtout applicable au cas où, au lieu d'avoir e en fonction de t, on n'a qu'une *table* de valeurs correspondantes de t et de e.

Dans ce cas on commencera par tracer, comme au n° **13**, la courbe qui a pour abscisses les temps et pour ordonnées les espaces ; on pourra alors, pour chaque valeur de t, construire la valeur de v.

Cela fait, on tracera une seconde courbe ayant pour abscisses ces mêmes valeurs de t et pour ordonnées les valeurs correspondantes de v qui ont été construites à l'aide de la première courbe. Opérant alors sur la seconde courbe comme on a opéré sur la première, on obtiendra, pour chaque valeur de t, la valeur correspondante de v. Soit par exemple, A'B' (fig. 17), la courbe des vitesses, c'est-à-dire cette seconde courbe qui a pour ordonnées les vitesses et pour abscisses les temps. Soit OP l'abscisse qui représente une valeur particulière du temps t, M'P l'ordonnée qui représente la valeur correspondante de v. Menons au point M' la tangente M'D' ; menons M'C' parallèle à l'axe des temps, et égal à l'unité ; élevons la perpendiculaire C'D' terminée à la tangente ; cette perpendiculaire représentera la valeur de l'accélération au bout du temps t ; car en supposant toujours $e=\varphi(t)$ on aura

$$\text{M'P} = \varphi'(t)$$

et par conséquent $\quad\quad \text{tg D'M'C'} = \varphi''(t);$

or, $\quad\quad \text{C'D'} = \text{C'M'} \times \text{tgD'M'C'} = 1.\varphi''(t) = w.$

Donc C'D' représentera l'accélération w correspondante au temps t.

§ VI. Composition et décomposition des vitesses et des accélérations, déduites du principe de l'indépendance des mouvements simultanés.

32. Un même point matériel peut être animé de plusieurs vitesses simultanées. Imaginons, par exemple, que tandis qu'un bateau descend uniformément le cours d'un fleuve, une bille roule uniformément, dans une direction quelconque, sur le pont de ce bateau. La bille, indépendamment de la vitesse propre avec laquelle elle roule sur le pont du bateau, possédera en commun avec lui la vitesse avec laquelle ils descendent le cours du fleuve ; elle sera donc animée de deux vitesses simultanées. Elle en possédera même trois si l'on a égard à celle avec laquelle le fleuve est emporté lui-même autour de l'axe du globe terrestre dans son mouvement diurne ; elle en possédera quatre si l'on a égard à la vitesse avec laquelle le globe, à son tour, se transporte dans son orbite ; cinq, si l'on tient compte de la vitesse avec laquelle tout le système solaire est lui-même probablement emporté dans l'espace.

Lorsqu'un mobile est ainsi animé de plusieurs vitesses simultanées, l'expérience prouve que ces vitesses coexistent sans se modifier mutuellement ; c'est-à-dire que, par exemple, la bille considérée ci-dessus roule sur le pont d'un bateau animé d'un mouvement uniforme, comme elle roulerait si le bateau était en repos absolu.

Ce principe, connu sous le nom de *principe de l'indépendance des mouvements simultanés*, sert de base à la *Composition des vitesses*, c'est-à-dire à la théorie d'après laquelle, connaissant les vitesses simultanées d'un mobile, on détermine la vitesse unique effective dont il est animé dans l'espace.

35. Convenons qu'une droite AB (fig. 18) se transporte, dans le temps t, parallèlement à elle-même en CD, de manière à ce que l'extrémité A parcoure d'un mouvement uniforme la droite AC. L'extrémité B parcourra la droite BD avec la même vitesse ; et il en sera de même de tous les points de AB ; ils auront tous des vitesses égales, et parallèles à la direction AC.

Concevons, en outre, qu'un point matériel, d'abord placé en A, se meuve uniformément sur la droite AB, de manière à parcourir cette droite dans le temps t. Ce point matériel sera animé, pendant tout le mouvement, de deux vitesses simultanées : l'une qui lui est propre, et en vertu de laquelle il parcourt la droite mobile AB, l'autre, qui lui est commune avec tous les points de cette droite, et qui est égale et parallèle à celle de l'extrémité A sur AC. Ceci résulte du principe de l'indépendance des mouvements simultanés.

Cela posé je dis que :

1° *Le mobile parcourt la diagonale* AD *du parallélogramme* ABDC.

Soit, en effet, A'B' la position de AB au bout du temps t', et M la position du mobile sur cette droite.

Le mouvement de la droite mobile parallèlement à elle-même étant uniforme (**6**), on aura :

$$AA' : AC :: t' : t.$$

Le mouvement du point matériel sur la droite mobile étant également uniforme, on aura :

$$A'M : A'B' \text{ ou } CD :: t' : t$$

d'où à cause du rapport commun :

$$AA' : AC :: A'M : CD.$$

Il en résulte que si l'on suppose le point M joint au point A par une droite, les triangles AA'M et ACD seront semblables, et que les angles en A seront égaux. Donc le point M est situé sur la diagonale AD; et, comme le temps t' est quelconque, il s'ensuit que le mobile se meut sur cette diagonale.

2° *Le point matériel se meut uniformément sur la diagonale* AD.

Car la similitude des mêmes triangles donne la proportion

$$AM : AD :: AA' : AC \quad \text{ou} \quad :: t' : t.$$

Les espaces que le mobile parcourt sur la diagonale, à partir du point A, sont donc proportionnels aux temps employés à les parcourir; son mouvement est donc uniforme.

3° *Si les vitesses suivant* AB *et* AC *sont représentées en grandeur par ces côtés du parallélogramme* ABDC, *la vitesse suivant* AD *sera représentée en grandeur par cette diagonale.*

Car il résulte de l'uniformité des trois mouvements, que les trois vitesses ont respectivement pour valeur (**7**)

$$\frac{AB}{t}, \quad \frac{AC}{t}, \quad \frac{AD}{t}$$

et qu'elles sont, par conséquent, proportionnelles aux trois longueurs

$$AB, \quad AC, \quad AD.$$

Les vitesses simultanées portent le nom de vitesses *composantes*, et la vitesse unique à laquelle elles donnent lieu se nomme la vitesse *résultante*. De ce que nous venons d'établir on peut donc conclure que :

La résultante de deux vitesses simultanées, représentées en grandeur et en direction par les côtés adjacents d'un parallélogramme, est représentée en grandeur et en direction par la diagonale de ce parallélogramme (qui aboutit au même sommet).

Cette règle importante est connue sous le nom de *parallélogramme des vitesses*.

Remarque. La démonstration étant indépendante de la valeur du temps t, subsisterait encore si les mouvements simultanés que l'on considère avaient une durée infiniment petite.

Corollaires. I. *Deux vitesses simultanées de même direction et de même sens, ont une résultante de même direction et de même sens, égale à leur somme.*

II. *Deux vitesses simultanées, de même direction, mais de sens contraires, ont une résultante de même direction, égale à leur différence, et de même sens que la plus grande.*

34. Si l'on avait à *composer* trois vitesses simultanées représentées par les droites OA, OB et OC (fig. 19), on pourrait d'abord composer les deux premières, OA et OB, par la règle du parallélogramme, et remplacer ces deux vitesses par leur résultante OD ; on n'aurait plus alors que deux vitesses OD et OC, que l'on composerait de la même manière ; la résultante OE de ces deux dernières serait la résultante des trois vitesses proposées.

Il est aisé de voir que cette résultante totale n'est autre chose que la diagonale du parallélépipède construit sur les trois vitesses composantes.

Si l'on avait à composer un plus grand nombre de vitesses simultanées, on composerait d'abord les deux premières ; on composerait ensuite la résultante des deux premières avec la troisième ; puis cette nouvelle résultante avec la quatrième, et ainsi de suite, jusqu'à ce que toutes les vitesses se trouvent composées en une seule, qui serait la résultante totale.

L'application de cette méthode conduit à la règle suivante : soit à composer un nombre quelconque de vitesses OA, OB, OC, OD, OE (fig. 20). Menez AB′ égal et parallèle à OB, B′C′ égal et parallèle à OC, C′D′ égal et parallèle à OD, et D′E′ égal et parallèle à OE. Joignez OE′ ; cette droite représentera en grandeur et en direction la résultante des vitesses proposées.

Cette règle s'énonce souvent ainsi : *Portez les droites qui représentent les vitesses composantes, bout à bout dans leur direction propre ; la droite qui fermera la ligne brisée ainsi obtenue, représentera la résultante.*

35. Réciproquement : Une vitesse étant donnée, on peut toujours la considérer comme la résultante de plusieurs vitesses.

simultanées. *Décomposer* une vitesse, c'est déterminer les vitesses simultanées dont elle est la résultante.

I. Si, par exemple, la vitesse donnée est représentée par AD (fig. 21), et qu'on veuille la considérer comme la résultante de deux vitesses simultanées, on pourra mener par AD un plan quelconque, se donner dans ce plan deux directions quelconques AX et AY passant par le point A, et achever le parallélogramme ABDC. Les côtés AB et AC de ce parallélogramme seront les *composantes* de AD suivant les directions AX et AY.

II. Si la vitesse donnée est représentée par OD (fig. 22), et qu'on veuille la considérer comme la résultante de trois vitesses simultanées, on pourra se donner arbitrairement les directions OX, OY, OZ de ces vitesses, et achever le parallélépipède OBPACMDN. Les arêtes OA, OB, OC de ce parallélépipède représenteront les *composantes* de OD suivant les directions OX, OY, OZ.

REMARQUE. Le problème serait indéterminé si l'on se donnait les trois directions OX, OY, OZ dans un même plan avec OD. Il en serait de même si l'on voulait décomposer une vitesse donnée en plus de trois composantes.

36. On peut composer les accélérations comme on compose les vitesses.

Concevons, en effet, que la droite AB (fig. 18) se meuve parallèlement à elle-même, de telle sorte que son extrémité A parcoure la droite AC d'un mouvement uniformément accéléré, sans vitesse initiale, et qu'au bout du temps t, la droite AB soit venue prendre la position CD. — Concevons, en même temps, qu'un point matériel d'abord placé en A, se meuve sur la droite mobile d'un mouvement uniformément accéléré, sans vitesse initiale, en sorte que lorsque la droite mobile est en CD, le point matériel soit en D. Tous les points de la droite mobile décrivant à chaque instant des espaces égaux et parallèles, le point matériel aura deux accélérations : l'une appartenant à son mouvement propre sur la droite mobile, l'autre dépendant de son mouvement commun avec cette droite, et qui est égale à l'accélération de l'extrémité A dans son mouvement le long de AC. Ceci résulte toujours de l'indépendance des mouvements.

Cela posé, je dis que :

1° *Le mobile parcourt la diagonale* AD *du parallélogramme* ABDC.

En effet : soit A'B' la position de AB au bout du temps t', et M la position du mobile sur cette droite.

En vertu du mouvement de la droite mobile parallèllement à elle-même, on aura (**22**)

$$AA' : AC :: t'^2 : t^2.$$

En vertu du mouvement du point matériel sur la droite mobile, on aura de même :

$$A'M : A'B' \text{ ou } CD :: t'^2 : t^2;$$

d'où, à cause du rapport commun,

$$AA' : AC :: A'M : CD.$$

Il en résulte, comme au n° **33**, que le point M est sur la diagonale AD au bout d'un temps quelconque t', et que par consé-quent le mobile parcourt cette diagonale.

2° *Le point matériel se meut sur cette diagonale d'un mouvement uniformément accéléré et sans vitesse initiale.*

Car la similitude des mêmes triangles donne la proportion :

$$AM : AD :: AA' : AC \quad \text{ou} \quad :: t'^2 : t^2.$$

Les espaces parcourus par le mobile sur la diagonale AD, à partir du point A, sont donc proportionnels aux carrés des temps employés à les parcourir; son mouvement est donc uni-formément accéléré et sans vitesse initiale (**18, 22**.)

3° *Si les accélérations suivant* AB *et* AC *sont représentées en grandeur par ces côtés du parallélogramme* ABDC, *l'accélération suivant* AD *sera représentée en grandeur par cette diagonale.*

Car, dans un mouvement de la nature de ceux que nous con-sidérons, c'est-à-dire qui est représenté par une équation de la forme

$$e = \tfrac{1}{2}wt^2,$$

la valeur de l'accélération w est

$$w = \frac{2e}{t^2}.$$

Les trois accélérations dont il s'agit ont donc respectivement
pour valeurs

$$\frac{2AB}{t^2}, \quad \frac{2AC}{t^2}, \quad \frac{2AD}{t^2};$$

elles sont donc proportionnelles aux trois longueurs

$$AB, \quad AC, \quad AD.$$

Il résulte de ce qui précède que : *L'accélération résultante de
deux accélérations simultanées, représentées en grandeur et en direction par les côtés adjacents d'un parallélogramme, est représentée en grandeur et en direction par la diagonale de ce parallélogramme qui aboutit au même sommet.*

Ainsi *les accélérations se composent comme les vitesses*, quand
les mouvements composants sont uniformément accélérés et
sans vitesse initiale.

REMARQUE. La démonstration, étant indépendante de la
valeur du temps t, subsisterait encore si les mouvements
simultanés que l'on considère avaient une durée infiniment
petite.

37. Tout ce que nous avons dit, aux n°s 34 et 35, de la composition et de la décomposition des vitesses, s'appliquerait mot
à mot aux accélérations.

Soit qu'il s'agisse d'accélérations ou de vitesses, la composition et la décomposition, au lieu de s'opérer par une construction géométrique, pourrait s'effectuer par le calcul. Mais, afin
d'éviter les redites, nous renverrons sur ce point le lecteur à la
composition et à la décomposition des forces, dont il sera question dans le chapitre suivant, et qui s'opère exactement de la
même manière.

CHAPITRE II.

INERTIE. FORCES APPLIQUÉES A UN POINT MATÉRIEL LIBRE.

---

§ I. Loi de l'inertie relative au point matériel. — L'effet d'une force sur un point matériel est indépendant du mouvement antérieurement acquis par ce point.

58. Un corps en repos ne peut, de lui-même, se mettre en mouvement ; un corps qui est en mouvement ne peut, de lui-même, ni le modifier ni le détruire.

A la vérité, le contraire semble arriver journellement ; mais c'est une illusion que la réflexion n'a pas de peine à dissiper. Lorsque, par exemple, on fait rouler une bille sur le sol, elle ne tarde pas à s'arrêter ; et il nous semble, au premier abord, qu'elle s'arrête d'elle-même. Mais, si l'on fait rouler cette bille de la même manière, c'est-à-dire de manière que sa vitesse initiale soit la même, sur un terrain battu et parfaitement horizontal, son mouvement se prolongera en ligne droite pendant une plus longue durée, et s'étendra à une plus grande distance. Si on la fait rouler, toujours de la même manière, sur un parquet ciré, dans une salle de grandes dimensions, la durée et l'étendue de son mouvement seront plus grandes encore. Enfin, si on la fait rouler de même sur de la glace bien unie, la durée et l'étendue du mouvement seront encore plus considérables. Ainsi, moins la surface sur laquelle la bille roule est raboteuse, c'est-à-dire moins cette surface présente d'obstacles au mouvement de la bille, et plus ce mouvement se prolonge en durée, et s'étend en parcours. On doit conclure de cette observation que si nul obstacle ne s'opposait à ce mouvement, il se prolongerait indéfiniment sans se modifier. En y réfléchissant, on ne conçoit pas, en effet, comment un corps inanimé pourrait, de lui-même, modifier le mouvement qu'il a reçu.

Cette propriété des corps de ne pouvoir d'eux-mêmes ni se mettre en mouvement ni modifier le mouvement qu'ils possèdent, est ce que l'on nomme l'*inertie*.

39. Les effets de l'inertie frappent chaque jour nos yeux.

Lorsque, par exemple, un cheval lancé au galop vient à s'arrêter brusquement, son cavalier, s'il manque d'expérience, peut être lancé par-dessus la tête de l'animal, parce qu'il possède encore, au moment où sa monture s'arrête, la vitesse dont ils étaient animés en commun.

Lorsque nous descendons d'une voiture pendant qu'elle est en mouvement, nous courons risque d'être jetés sur le sol dans le sens de ce mouvement, parce qu'à l'instant où nos pieds commencent à être arrêtés par leur contact avec le sol, notre corps est encore animé de la vitesse que nous possédions en commun avec la voiture.

C'est sur l'inertie qu'est fondé le procédé dont on fait usage pour emmancher les outils. Pour emmancher un marteau, par exemple, on y introduit d'abord le bout du manche ; puis on frappe vivement avec l'autre bout contre un mur. Le marteau, qui avait pris la vitesse du manche, la possède encore lorsque celui-ci s'arrête. Il se rapproche donc encore du mur pendant un instant très-court, lorsque le manche est déjà arrêté, et, par conséquent, le manche s'engage de plus en plus dans le marteau.

40. Lorsqu'un point matériel qui était en repos vient à se mouvoir, ou lorsque son mouvement vient à se modifier, soit quant à sa direction, soit quant à sa vitesse, c'est toujours en vertu d'une ou plusieurs causes qui lui sont étrangères. On donne à ces causes le nom de *forces*.

Mais il peut arriver que deux causes contraires restent sans effet, parce qu'elles se neutralisent mutuellement. Il peut donc arriver aussi que des forces restent sans effet, parce qu'elles sont neutralisées par d'autres forces ; dans ce cas elles ne produisent aucun mouvement, ou ne modifient pas le mouvement du point matériel auquel elles sont appliquées ; mais elles tendent néanmoins à le produire ou à le modifier. On peut donc dire, d'une manière générale :

On appelle FORCE *toute cause qui tend à produire ou à modifier le mouvement d'un point matériel.*

Ainsi, la pesanteur est une force, puisqu'elle tend sans cesse à faire mouvoir les corps vers la surface de la terre ; l'effort que l'homme ou qu'un animal exerce sur un corps pour le pousser ou le tirer dans un sens quelconque est une force ; l'effort qu'un ressort tendu exerce pour se détendre est une force ; la pression qu'un liquide ou un gaz exerce contre les parois des vases qui le contiennent est une force ; les attractions ou répulsions électriques et magnétiques sont des forces, etc., etc.

REMARQUE. Lorsqu'un point matériel n'est soumis à aucune force, son mouvement est rectiligne et uniforme, à moins qu'il ne soit en repos. Cela résulte de ce qu'il ne peut de lui-même modifier sa vitesse, ni en grandeur, ni en direction.

41. Il y a trois choses à considérer dans une force :

1° *Son point d'application*; c'est-à-dire la position géométrique du point matériel auquel elle est appliquée.

2° *Sa direction;* c'est-à-dire la direction et le sens de la droite que suivrait le point matériel auquel la force est appliquée, si, partant du repos, il cédait à l'action de cette force.

3° *Son intensité :* on conçoit en effet qu'une force puisse être plus ou moins considérable ; elle constitue donc une grandeur mathématique susceptible d'être mesurée, tout aussi bien que l'espace, le temps, etc. Nous reviendrons plus loin sur la mesure des forces.

42. Une force emploie toujours un certain temps pour imprimer à un point matériel en repos une vitesse finie. A la vérité, ce temps est quelquefois si court, qu'il nous paraît inappréciable ; mais il n'en a pas moins une grandeur finie. En d'autres termes, *il n'y a point de forces instantanées.*

On ne concevrait pas, en effet, qu'une force pût produire ou modifier le mouvement d'un corps, si la durée de son action était rigoureusement nulle.

43. PRINCIPE EXPÉRIMENTAL. *Une force agit sur un corps en mouvement comme elle agirait s'il était en repos.*

C'est-à-dire que le mouvement produit par la force, et celui qu'avait précédemment le mobile, coexistent sans se modifier.

Ce principe est un de ceux qui servent de base à la Mécanique.

Il est clair qu'il n'a pu être vérifié directement pour un point matériel; mais, en l'admettant pour un point matériel, on est conduit par la théorie à des conséquences relatives au mouvement des corps de dimensions finies, qui se vérifient par l'expérience; et c'est en ce sens que le principe, appliqué même à un point matériel, peut être considéré comme un principe expérimental.

Remarque. La même observation pourrait s'appliquer au *principe de l'indépendance des mouvements*, dont il a été question au n° 32.

§ 11. Une force constante, agissant sur un point matériel partant du repos, lui imprime un mouvement rectiligne uniformément accéléré. — Cas où le point matériel possède une vitesse initiale dans le sens de la force ou dans le sens contraire. — Réciproquement, si un point matériel est animé d'un mouvement rectiligne uniformément varié, il est soumis à une force constante. — Exemple relatif à la pesanteur.

44. Si une force constante d'intensité et de direction agit sur un point matériel partant du repos, je dis que son mouvement sera rectiligne et uniformément accéléré.

En effet : pendant une première durée infiniment petite θ, le mobile décrira un élément de chemin qui sera dans la direction de la force, d'après la définition même de cette direction (41); et au bout de ce temps θ, il aura acquis une certaine vitesse infiniment petite v de même direction que l'élément décrit ou que la force.

Pendant une seconde durée infiniment petite θ, le mobile, en vertu de l'inertie, conservera la vitesse acquise v, qui, si elle était seule, produirait un mouvement uniforme; mais la force constante agissant sur le mobile comme s'il partait du repos (43), lui fera parcourir un nouvel élément de chemin ayant la même direction que le premier, et lui imprimera une nouvelle vitesse v, les deux mouvements se composeront en un seul, et la vitesse, à la fin du temps total 2θ, sera $v + v$ ou $2v$.

Pendant une troisième durée infiniment petite θ, le mobile conservera la vitesse acquise $2v$, qui, si elle était seule, produirait un mouvement uniforme; mais la force constante fera parcourir au mobile un nouvel élément de chemin ayant encore la même direction que les deux premiers, et lui imprimera une nouvelle vitesse υ. Les deux mouvements se composant en un seul, la vitesse à la fin du temps 3θ sera $2\upsilon + \upsilon$ ou 3υ.

En continuant ainsi, on verrait facilement que le chemin décrit sera rectiligne, et qu'au bout d'un temps égal à $n\theta$, la vitesse du mobile sera $n\upsilon$; en sorte que si l'on pose

$$n\theta = t \quad \text{et} \quad n\upsilon = v$$

on en déduit
$$\frac{v}{t} = \frac{\upsilon}{\theta}.$$

Or, la force étant constante, à une même valeur infiniment petite de θ répondra toujours une même valeur infiniment petite de υ. Le rapport $\frac{\upsilon}{\theta}$ est donc indépendant du temps t; et, en désignant cette constante par w, on a

$$\frac{v}{t} = w \quad \text{ou} \quad v = wt.$$

Le mouvement est donc uniformément accéléré, puisque la vitesse est proportionnelle au temps (**22**).

45. Le mouvement serait encore uniformément accéléré si le point matériel, au lieu de partir du repos, avait une vitesse initiale v_0 dans le sens de la force.

En effet, la force agissant sur le mobile animé de la vitesse v_0 comme elle agirait sur le mobile partant du repos, lui imprimera au bout du temps t la vitesse wt; cette vitesse se composera avec la vitesse v_0; et comme elles sont de même sens, on aura

$$v = v_0 + wt$$

équation du mouvement uniformément accéléré.

Le mouvement serait uniformément retardé si la vitesse v_0 était de sens contraire à l'accélération w, ou, ce qui revient au même, à la direction de la force constante.

On peut donc dire en général que : *si une force constante agit sur un mobile animé d'une vitesse initiale de même direction* (quel que soit d'ailleurs le sens de cette vitesse), *le mouvement sera rectiligne et uniformément varié.*

46. RÉCIPROQUEMENT : *si un point matériel se meut d'un mouvement rectiligne et uniformément varié, il est soumis à une force constante*; la direction de la force est celle de la vitesse du mobile si son mouvement est uniformément accéléré, ou contraire à celle du mobile si son mouvement est uniformément retardé.

En effet : de ce que le mouvement n'est pas uniforme, on peut d'abord conclure que le mobile est soumis à une force (**40**, REM.).

En second lieu, cette force est constamment dirigée suivant la droite que décrit le mobile. Car si, pendant un temps très-court, la force prenait une direction différente, elle lui imprimerait pendant ce temps une vitesse de même direction qu'elle, et qui, se composant avec la vitesse déjà possédée par le mobile, produirait une vitesse résultante dont la direction différerait de la droite que suit le mobile (**35**).

Enfin, de ce que le mouvement est uniformément varié, il suit que la vitesse varie de quantités égales en temps égaux. Dans un même temps infiniment petit θ la vitesse varie donc d'une même quantité infiniment petite v, quel que soit l'instant que l'on considère. Or, la quantité dont la vitesse varie dans un temps infiniment petit est uniquement due à l'action de la force ; cette action est donc toujours la même dans un même temps infiniment petit θ ; ce qui signifie que la force est constante.

Si la vitesse va en croissant ; c'est que la force est de même sens qu'elle ; si la vitesse va en diminuant, c'est que la force est de sens contraire.

47. L'expérience sur la chute des corps dans le vide faisant voir que leur mouvement est uniformément accéléré, il en résulte que, dans ce mouvement, le poids du corps agit comme une force constante.

(Toutefois il faut, pour que cela soit exact, que l'on ne considère le corps que dans un même lieu du globe et à une petite distance de sa surface, ce qui a toujours lieu dans les applications aux machines.)

Cela posé, on doit admettre, conformément au principe expérimental du n° **45**, que l'action de la pesanteur sur un corps est indépendante du mouvement de ce corps et que, par conséquent, lorsqu'un mobile est lancé verticalement, de bas en haut, dans le vide, son poids agit sur lui comme force constante, dans la montée aussi bien que dans la descente. Dès lors, dans la montée, son mouvement est uniformément retardé, comme nous l'avions annoncé au n° **24**.

Il n'est pas inutile de remarquer que les mots *pesanteur* et *poids* ont une signification différente. La *pesanteur* est la cause générale qui attire les corps vers le centre du globe; le *poids* d'un corps est l'effort qu'il exerce, en vertu de la pesanteur, sur l'obstacle qui le soutient.

D'après ce que nous venons de voir, *le poids d'un corps est une force constante, dont la direction est verticale et dirigée de haut en bas*.

Nous avons vu déjà que l'accélération due à cette force constante a pour valeur $g = 9^m,8088$.

REMARQUE. Si le corps changeait notablement de lieu, soit à la surface du globe, soit au-dessus de cette surface, son poids changerait de direction avec la verticale du lieu, et d'intensité conformément aux lois de l'attraction universelle; ainsi il serait d'autant moins considérable que le corps serait plus éloigné du centre de la terre. A l'équateur, par exemple, il serait moindre qu'au pôle, à cause de l'aplatissement du globe.

§ III. Conditions de l'égalité de deux forces, d'après les effets qu'elles produisent sur un même corps ou système matériel.— Comparaison des forces aux poids à l'aide du dynamomètre.— Le kilogramme peut être pris pour unité de force.

48. Lorsque deux forces appliquées successivement à un même corps ou système matériel, dans les mêmes circonstances, produisent exactement le même effet, on dit que ces forces sont *égales*, quelle que soit d'ailleurs la nature des deux forces. C'est ainsi que l'effort musculaire d'un animal peut être égal à un poids, bien que ces deux forces soient de nature différente, si, appliquées à un même corps dans des circonstances identiques, elles produisent le même effet.

Cette considération fournit un moyen de comparer d'abord les poids entre eux, puis la plupart des autres forces aux poids, et enfin ces forces entre elles. Nous nous occuperons d'abord de la comparaison des poids entre eux.

49. Supposons que dans l'un des plateaux d'une balance, dont le fléau est supposé parfaitement libre de se mouvoir, on ait placé un poids P, et qu'on ait chargé l'autre avec de la grenaille ou du sable jusqu'à ce que le fléau demeure horizontal; puis, qu'en remplaçant le poids P par un autre poids P', le fléau de-

meure encore horizontal ; on en conclura que les poids P et P',
qui produisent un effet identique, sont égaux.

Supposons maintenant que dans le premier plateau de la balance on ait mis n poids égaux à P, et qu'on ait chargé l'autre
avec de la grenaille ou du sable jusqu'à ce que le fléau demeure
horizontal ; on admet sans difficulté que ces n forces égales et de
même sens s'ajouteront pour former une force totale égale à n
fois l'une d'elles ; et si, en remplaçant ces n poids égaux par
un poids P', on trouve que le fléau demeure encore horizontal,
on en conclura que P' est égal à nP.

On a donc ainsi le moyen de comparer tous les poids à l'un
d'eux, c'est-à-dire de *mesurer* tous les poids. On est convenu,
en Mécanique, de prendre pour unité de poids le kilogramme ;
si, par exemple, le poids P est le kilogramme, le poids P' sera
de n kilogrammes.

Pour comparer deux poids P' et P'', il suffira, par conséquent,
de les comparer tous deux à l'unité de poids ; et si l'on trouve
qu'ils équivalent respectivement à n' et n'' de ces unités, on dira
qu'ils sont entre eux comme n' est à n''.

Si les poids P' et P'' n'étaient pas égaux chacun à un nombre
exact de kilogrammes, on prendrait une unité de plus en plus
petite, telle que l'hectogramme, le décagramme, le gramme, etc.,
jusqu'à ce que P' et P'' fussent des multiples entiers de cette
unité, ce qui finira toujours par arriver dans la pratique, du moins
au degré d'approximation dont l'expérience est susceptible.

Le cas de l'incommensurabilité est un cas idéal qui ne se rencontre jamais dans les applications ; mais cependant on peut concevoir deux poids P' et P'', qui n'auraient aucune mesure commune ;
on ne pourrait dans ce cas-là obtenir que leur rapport approché.

50. Pour comparer les autres forces aux poids, on fait ordinairement usage d'un ressort, auquel on applique successivement la force qu'on veut mesurer, et un poids qui produise la
même flexion ou le même écart ; dans ce cas, si le ressort a
conservé son élasticité, la force est égale au poids, puisqu'appliqués à un même corps, dans les mêmes circonstances, ils
produisent le même effet.

Les instruments destinés à comparer ainsi les forces aux poids
portent en général le nom de *dynamomètres.*

Le plus simple est le *peson* du commerce (fig. 23). Il se compose d'un ressort AOB composé de deux branches. A la branche OA est fixé, par l'une de ses extrémités *a*, un arc de cercle *ab*, qui traverse la branche OB, et porte à son autre extrémité *b* un anneau, auquel on peut suspendre un poids ou appliquer une force quelconque, un effort musculaire par exemple. A la branche OB est fixé, par l'une de ses extrémités *c*, un second arc de cercle *cd*, qui peut glisser sur le premier, et qui traverse la branche OA et se termine en *d* par un anneau qui sert à tenir l'instrument ou à l'attacher à un point fixe. Ce second arc de cercle est gradué, comme nous le dirons, depuis l'extrémité *d* jusqu'en un point *t* où se trouve un talon dont nous expliquerons l'usage tout à l'heure.

Supposons que l'instrument étant suspendu par l'anneau *d* à un point fixe, on suspende à l'anneau *b* un poids de 1 kilog.; les branches du ressort se rapprocheront; l'arc *cd* dépassera la branche OA d'une certaine quantité; et l'on pourra marquer sur cet arc le point où la branche OA s'est arrêtée. On pourra ensuite répéter la même opération pour des poids de 2 kilog., 3 kilog., etc.; et l'instrument se trouvera gradué.

Si maintenant, après avoir enlevé les poids, on applique en *b* une force; et que, par suite de la flexion du ressort, la branche OA s'arrête au même point de l'arc *cd* que lorsqu'on a suspendu à l'anneau *b* un poids de *n* kilog., par exemple, on en conclura que la force équivaut à *n* kilog. En un mot, pour évaluer une force en kilogrammes, il suffira de l'appliquer en *b*, et de lire sur l'arc *cd* le nombre marqué à côté du point où la branche OA s'arrêtera.

Le talon *t* est destiné à prévenir la rupture de l'instrument, dans le cas où l'on appliquerait en *b* une force capable de faire fléchir le ressort au delà de sa limite d'élasticité.

51. L'instrument que nous venons de décrire ne donne qu'une approximation assez grossière; et ne peut servir à mesurer que des forces qui ne sont point considérables. Au delà de 100 kilog., et lorsqu'on veut des indications plus précises, on fait usage du *dynamomètre de Régnier* (fig. 24). Il consiste essentiellement en un ressort AB à deux branches réunies par leurs extrémités. On fixe le milieu C de l'une des branches, et l'on applique au milieu D de l'autre branche, dans le plan du ressort et suivant la droite qui joindrait les points C et D, la force que l'on veut mesurer. L'écart des deux branches est accusé par une aiguille Ox qui parcourt un limbe divisé. La graduation du limbe a été primitivement obtenue en plaçant l'appareil verticalement, et en appliquant des poids au point D.

Si une force, l'effort d'un cheval par exemple, produit le même écart qu'un certain nombre n de kilog., on en conclut que cet effort équivaut à n kilog.

Il existe d'autres dynamomètres; mais nous ne pourrions, sans sortir des bornes que nous nous sommes posées, entreprendre de les décrire, et surtout d'en faire ressortir les avantages. Ce que nous venons de dire suffira pour faire comprendre comment les forces peuvent être comparées aux poids.

52. Le résultat de cette comparaison est de rapporter les forces à l'unité de poids, ou au kilogramme; ainsi l'*unité de force est le kilogramme.*

A la vérité ce choix suppose qu'une masse de métal pesant un kilogramme à Paris, produirait partout la même flexion sur un même dynamomètre, ce qui n'est pas tout à fait exact. Car la pesanteur étant moindre à l'équateur qu'au pôle, il en résulte que la masse de métal pèserait plus au pôle qu'à l'équateur, et fléchirait par conséquent davantage le ressort d'un même dynamomètre en Laponie, par exemple, qu'en Égypte.

Mais, premièrement, la différence est peu considérable. Si l'on suspendait un même corps pesant à un même dynamomètre, au Spitzberg, par exemple, et à l'île de l'Ascension, les poids accusés par l'instrument dans ces deux localités ne différeraient pas entre eux de $\frac{1}{206}$ de leur valeur moyenne. Dans l'étendue d'un même État la différence serait encore moindre; elle ne serait pas de $\frac{1}{1426}$ de la valeur moyenne des poids accusés dans l'étendue de la France entière, depuis Dunkerque jusqu'à Toulon. On peut donc regarder cette différence comme tout à fait négligeable, dans la plupart des applications ordinaires.

En second lieu, si l'on tenait à une précision plus grande, rien n'empêcherait de rapporter les indications du dynamomètre à un lieu déterminé du globe, par exemple à l'Observaloire de Paris. Pour cela il suffirait, dans chaque localité, de multiplier les indications de l'instrument par un certain coefficient, constant pour cette localité, mais variable d'une localité à l'autre, et que l'expérience fait connaître. Ainsi, les indications à l'Observatoire de Paris étant prises pour terme de comparaison, la valeur de ce coefficient serait :

Au Spitzberg.. . .	0,997952
A Dunkerque . . .	0,999801
A Toulon	1,000513
A l'Ascension. . .	1,002803

Mais une pareille précision n'est jamais nécessaire dans les applications.

REMARQUES. I. Il est essentiel de remarquer que ces différences dans le poids d'un même corps, qui sont accusées par le dynamomètre, ne le seraient point par une balance; car les variations de la pesanteur affectant également le corps considéré et le poids qu'on lui substitue dans le plateau de la balance, ne sauraient être accusées par cet instrument.

II. Toutes les forces ne sont pas de nature à être appliquées au dynamomètre; mais on peut alors les comparer à d'autres forces, à la pesanteur par exemple, au moyen des mouvements qu'elles produisent. Cette question sera l'objet du paragraphe suivant.

§ IV. Deux forces constantes, appliquées successivement à un même point matériel, partant du repos ou animé d'une vitesse initiale de même direction que la force, sont entre elles comme les accélérations qu'elles produisent. — Conséquence relative au cas où l'une des forces est le poids même du mobile. — Définition de la masse. — Relation entre les forces, les masses et les accélérations.

55. PRINCIPE EXPÉRIMENTAL. *Si plusieurs forces agissent simultanément sur un même point matériel, chacune d'elles obtient son effet comme si les autres n'existaient pas.*

C'est-à-dire que la vitesse initiale du mobile, et les vitesses que produirait chaque force , si elle était seule, coexistent sans se modifier.

Il résulte de ce principe que si deux forces constantes, F,F', agissent simultanément sur un même point matériel dans le sens de sa vitesse initiale, elles produiront une accélération totale qui sera la somme de celles qu'elles eussent produites séparément. Car si, sous l'action de la seule force F, la vitesse se fût accrue de w dans l'unité de temps, et si, sous l'action de la seule force F' elle se fût accrue de w'; sous l'action des deux forces réunies, elle s'accroîtra de $w+w'$ en vertu du principe énoncé; l'accélération totale sera donc $w+w'$.

Il en serait de même pour un nombre quelconque de forces.

REMARQUES. I. On admet généralement comme un axiome que *deux forces de même direction et de même sens appliquées à un même point matériel, s'ajoutent*; c'est-à-dire qu'elles peuvent être remplacées par une force unique de même direction et de même sens que chacune d'elles et ayant une intensité égale à la somme des intensités de ces deux forces. — Cette vérité peut être vérifiée à l'aide du dynamomètre pour toutes les forces susceptibles d'être appliquées à cet instrument, et en particulier pour les poids. Elle est d'accord, comme on voit, avec le principe expérimental ci-dessus, puisqu'en vertu de ce principe les effets des forces, c'est-à-dire les accélérations, s'ajoutent aussi.

II. Généralement, *autant de forces qu'on voudra, de même direction et de même sens, appliquées à un même point matériel, s'ajoutent*, c'est-à-dire qu'elles peuvent être remplacées par une force unique de même direction et de même sens que chacune d'elles, et ayant une intensité égale à la somme des intensités de toutes ces forces.

III. On pourrait appliquer au principe expérimental ci-dessus l'observation qui a été faite à l'occasion de celui du n° 43.

IV. Si l'on rapproche les principes expérimentaux énoncés aux n°ˢ 33, 43 et 53, on pourra dire d'une manière générale qu'*il y a indépendance complète entre les vitesses simultanées que peut posséder un même point matériel, et celles qu'autant de forces qu'on voudra peuvent lui imprimer en outre, chacune dans sa direction propre.*

54. THÉORÈME. *Deux forces quelconques sont entre elles comme les accélérations qu'elles imprimeraient à un même point matériel, si elles agissaient sur lui d'une manière constante dans la direction de sa vitesse initiale.*

Soient F et F' les deux forces dont il s'agit; soient w et w' les valeurs absolues des accélérations qu'elles feraient subir à un même point matériel, en agissant sur lui d'une manière constante dans le sens de sa vitesse initiale ou en sens contraire.

1° Supposons d'abord les deux forces F et F′ commensurables. Soit f une force égale à leur commune mesure, de telle sorte qu'on ait numériquement :

$$F = nf \quad \text{et} \quad F' = n'f \quad \text{d'où} \quad F : F' :: n : n';$$

n et n' étant des nombres entiers ; et soit u l'accélération que cette force f imprimerait au mobile si elle agissait seule d'une manière constante, dans la direction de sa vitesse initiale.

D'après ce qui a été dit au numéro précédent, on pourra considérer l'accélération w comme la somme de n accélérations partielles égales à u et dues chacune à l'action d'une force égale à f; on aura donc : $w = nu$. Pareillement, on pourra considérer l'accélération w' comme la somme de n' accélérations partielles égales à u et dues chacune à l'action d'une force égale à f; on aura ainsi : $w' = n'u$.

Par suite $$w : w' :: n : n'$$

et, à cause du rapport commun entre cette proportion et la première,

$$F : F' :: w : w'$$

2° Le théorème subsisterait encore dans le cas idéal où les forces F et F′ seraient incommensurables.

En effet, la force F pourra toujours être considérée comme la somme d'un nombre arbitraire n de forces égales ; soit f l'une de ces forces, et u l'accélération qu'elle imprimerait au mobile, si elle agissait d'une manière constante dans la direction de sa vitesse initiale. On aura, comme plus haut,

$$F = nf \quad \text{et} \quad w = nu,$$

La force F′ ne pourra plus être considérée comme la réunion d'un nombre entier de forces égales à f; mais elle sera comprise entre un certain nombre entier n' de ces forces, et $n' + 1$ de ces mêmes forces, on aura donc

$$n'f < F' < (n+1)f ,$$

et par conséquent :

$$\frac{n'}{n} < \frac{F'}{F} < \frac{n'+1}{n} .$$

De plus, la force $n'f$ produisant une accélération égale à $n'u$, et la force $(n'+1)f$ une accélération égale à $(n'+1)u$; la force F', qui est comprise entre $n'f$ et $(n'+1)f$, produira une accélération w' comprise entre $n'u$ et $(n'+1)u$; on aura donc :

$$n'u < w' < (n'+1)u$$

et par conséquent :

$$\frac{n'}{n} < \frac{w'}{w} < \frac{n'+1}{n}.$$

On voit que les deux rapports $\dfrac{F'}{F}$ et $\dfrac{w'}{w}$ sont compris tous deux entre les mêmes limites $\dfrac{n'}{n}$ et $\dfrac{n'+1}{n}$. Mais ces limites diffèrent de $\dfrac{1}{n}$, c'est-à-dire d'aussi peu qu'on voudra, puisque n est arbitraire ; les deux rapports $\dfrac{F'}{F}$ et $\dfrac{w'}{w}$ sont donc rigoureusement égaux; et l'on peut écrire comme dans le premier cas,

$$F : F' :: w : w'.$$

55. On a vu précédemment que l'accélération due à la pesanteur, qu'on représente habituellement par la lettre g, a pour valeur $9^m,8088$ environ. Si l'on désigne par p le poids du mobile, et que, dans la proportion ci-dessus on remplace F' par p et w' par g, on aura

$$F : p :: w : g \quad \text{d'où} \quad F = p.\frac{w}{g},$$

c'est-à-dire que : *la force* F *est égale au poids* p *du mobile, multiplié par le rapport entre l'accélération* w *qui serait due à cette force si elle était constante et l'accélération* g *due à la pesanteur.*

56. Soit p' le poids du même point matériel en un autre lieu du globe où l'accélération due à la pesanteur a pour valeur g'. On aura, par les mêmes raisons que ci-dessus,

$$F : p' :: w : g'$$

et, en comparant cette proportion avec celle du numéro précédent, on en déduit

$$p : p' :: g : g'.$$

C'est-à-dire que : *les poids d'un même point matériel en diffé-rents lieux du globe sont entre eux comme les accélérations dues à la pesanteur en ces mêmes lieux.*

57. On tire aussi de la même proportion

$$\frac{p}{g} = \frac{p'}{g'},$$

c'est-à-dire que : *le quotient qu'on obtient en divisant le poids d'un point matériel en un lieu du globe par l'accélération due à la pesanteur dans le même lieu, est une quantité constante.*

Ce quotient constant du poids d'un point matériel par l'accélération due à la pesanteur dans le (même lieu, est ce qu'on nomme en Mécanique la *masse* du mobile.

Cette dénomination, qui doit son origine à des idées de physique aujourd'hui abandonnées, pourrait induire en erreur si on y attachait un autre sens que celui qui est expliqué dans la définition précédente. On n'en a conservé l'usage que parce qu'il abrége les énoncés.

On désigne habituellement la masse du mobile par la lettre m; et l'on écrit :

$$\frac{p}{g} = m \quad \text{d'où} \quad p = mg.$$

La *masse* est une quantité d'une espèce particulière, puisque c'est le quotient d'un nombre de kilogrammes par un nombre de mètres. Si l'on demandait quelle est l'unité de masse, on trouverait la réponse en faisant $m = 1$ dans la relation précédente, ce qui exige qu'on ait numériquement $p = g$ ou $p = 9^{kg},8088$.

La masse prise pour unité serait donc, par exemple, celle d'un volume d'eau égal à $9^{lit},8088$; cette eau étant distillée et à son maximum de densité.

58. La proportion établie au n° **55**

$$F : p :: w : g$$

donne

$$F = \frac{p}{g}.w \quad \text{ou} \quad F = mw,$$

c'est-à-dire que : *la force F a pour mesure le produit de la masse* m *du mobile par l'accélération* w *que cette force lui imprimerait si elle agissait sur lui d'une manière constante.*

Réciproquement on a

$$w = \frac{F}{m}$$

c'est-à-dire que : l'accélération imprimée à un point matériel par une force F supposée constante, a pour valeur le quotient de cette force par la masse du mobile.

59. Pour comparer deux forces entre elles par les accélérations qu'elles produisent, il n'est pas nécessaire qu'elles soient appliquées à un même point matériel.

Soient, en effet, F et F′, deux forces appliquées respectivement à deux points matériels dont les masses sont m et m', et imprimant à ces mobiles les accélérations w et w'. On aura, en vertu de la relation du n° 58

$$F = mw \quad \text{et} \quad F' = m'w'$$

d'où
$$F : F' :: mw : m'w'$$

c'est-à-dire que : si deux forces constantes appliquées à deux points matériels de masses quelconques leur impriment des accélérations quelconques, ces forces sont entre elles comme les produits des masses par les accélérations.

Si $m = m'$, on retombe sur la proportion du n° 54.

Si $w = w'$, on a $F : F' :: m : m'$

c'est-à-dire que : si deux forces impriment à deux mobiles des accélérations égales, ces forces sont proportionnelles aux masses des mobiles.

Si $F = F'$, on a $mw = m'w'$ d'où $w : w' :: m' : m$

c'est-à-dire que : si deux forces constantes égales sont appliquées à deux points matériels quelconques, les accélérations produites sont en raison inverse des masses.

Dans un même lieu du globe, la valeur de g restant constante, les masses sont proportionnelles aux poids; on peut dire alors que : *si les accélérations sont égales, les forces sont proportionnelles aux poids*; et que : *si les forces sont égales, les accélérations sont en raison inverse des poids.*

Il en serait encore sensiblement de même dans des lieux différents peu distants l'un de l'autre à la surface du globe..

Remarque. Les relations qui précèdent n'ont été établies que pour des forces constantes. Mais, comme les raisonnements qui ont servi à les établir sont indépendants de la durée du mouvement, on peut toujours supposer cette durée assez petite pour que les forces puissent être regardées comme sensiblement constantes en direction et en intensité. Dès lors les relations dont il s'agit sont applicables pendant cette durée. Donc elles le sont à chaque instant.

§ V. Composition et décomposition des forces appliquées à un même point matériel libre.

60. Nous avons déjà vu qu'une force unique pouvait en remplacer plusieurs, c'est-à-dire produire à elle seule le même effet que des forces simultanées appliquées au même point matériel (**53**, Rem. I et II).

Une force unique qui peut ainsi en remplacer plusieurs autres se nomme leur *résultante,* et celles-ci s'appellent ses *composantes.* Chercher la résultante de plusieurs forces, c'est *composer* ces forces en une seule ; étant donnée, au contraire, la résultante, là remplacer par ses composantes, c'est *décomposer* la force donnée en plusieurs autres.

Aux n°ˢ **53** et **54** nous avons fait usage de cette composition et de cette décomposition pour des forces de même direction et de même sens. Il s'agit maintenant de composer des forces de directions quelconques appliquées à un même point matériel. Le cas le plus simple est celui où les composantes se réduisent à deux.

61. Soient donc deux forces appliquées à un même point matériel libre A (fig. 21), l'une F dans la direction AX, l'autre F' dans la direction AY. Imaginons d'abord que ces deux forces agissent simultanément d'une manière constante pendant un temps θ, et que le mobile n'ait aucune vitesse initiale.

Si la force F agissait seule, elle imprimerait au mobile un mouvement uniformément accéléré suivant AX (**44**); soit w l'accélération de ce mouvement.

Si la force F' agissait seule, elle imprimerait au mobile un mouvement uniformément accéléré suivant AY; soit w' l'accélération de ce second mouvement.

Les deux forces agissant simultanément, chacune d'elles, en vertu du principe énoncé au n° 53, obtiendra son effet comme si elle était seule; et le point matériel sera animé de deux mouvements simultanés, dirigés suivant AX et AY, et uniformément accélérés. Mais on a vu au n° 56 que, dans ce cas, le mouvement effectif est un mouvement rectiligne et uniformément accéléré, qui a lieu suivant la diagonale AD du parallélogramme construit sur les longueurs AB et AC qui représentent en grandeur et en direction les accélérations composantes; et que l'accélération résultante est représentée en grandeur et en direction par cette diagonale. Désignons par W cette accélération résultante.

Le mouvement uniformément accéléré qui a lieu suivant AD avec l'accélération W, peut être produit par une force constante dirigée suivant AD (46); soit R cette force; elle produira à elle seule le même effet que les forces simultanées F et F'; ce sera donc la résultante de ces deux forces.

Or, en vertu du théorème démontré au n° 54, les forces F, F', R sont proportionnelles aux accélérations w, w', W; ou, ce qui revient au même, aux longueurs AB, AC, AD. Donc, *si les deux composantes F et F' sont représentées en grandeur et en direction par les côtés AB et AC du parallélogramme ABDC, leur résultante R est représentée en grandeur et en direction par la diagonale AD de ce parallélogramme* (qui aboutit au même sommet).

Nous avons supposé les forces constantes; mais la démonstration étant indépendante de la durée θ, on peut supposer cette durée assez petite pour que les forces varient aussi peu qu'on le voudra pendant ce temps; dès lors le théorème subsiste; donc il a lieu à chaque instant pour des forces variables.

Nous avons supposé que le mobile n'avait aucune vitesse initiale; mais, en vertu du principe énoncé au n° 45, l'effet des forces ne serait pas altéré par la vitesse que pourrait posséder le mobile. Donc le théorème subsiste encore dans le cas d'une vitesse initiale.

La règle énoncée dans ce théorème porte le nom de *parallélogramme des forces*; elle est tout à fait analogue au *parallélo-*

gramme des vitesses (33), et au *parallélogramme des accélérations* (36).

REMARQUES. I. Lorsqu'on dit qu'une force est *représentée en grandeur et en direction* par une droite, il faut entendre :

1° Que la longueur de cette droite contient autant d'unités, à une échelle convenue, qu'il y a d'unités de poids dans le nombre qui exprime l'intensité de la force. Si, par exemple, on a pris le millimètre pour représenter le kilogramme, et que l'intensité de la force soit exprimée par 15 kilog., la longueur de la droite qui représente la force devra être de 15 millim.

2° Que la droite est menée, *à partir du point d'application de la force,* dans la direction de cette force et dans le même sens.

Ainsi la droite AB (fig. 21) représentera la force F, si sa longueur est d'autant d'unités de longueur que F vaut de kilogrammes, et si la direction de la force est celle de la droite AB, en allant de A vers B.

II. Pour *décomposer* une force donnée représentée en grandeur et en direction par la droite AD (fig. 21), suivant deux directions données AX et AY; il suffira de mener, par l'extrémité D de la droite qui représente la force donnée, des parallèles DC et DB à ces deux directions; les côtés AB et AC du parallélogramme ABDC ainsi formé représenteront les composantes.

La décomposition serait impossible si les deux directions données étaient dans le prolongement l'une de l'autre, et distinctes de AD.

62. Les forces F, F' et R sont proportionnelles aux côtés AB, BD et AD du triangle ABD. L'angle BAD est l'angle de F avec R ; nous le désignerons par (FR). L'angle BDA, égal à CAD, est l'angle de F' avec R ; nous le désignerons par (F'R). Enfin l'angle ABD est le supplément de BAC ; nous désignerons ce dernier par (FF'). Le triangle BAD donnera alors les relations

$$[1] \qquad \frac{F}{\sin(F'R)} = \frac{F'}{\sin(FR)} = \frac{R}{\sin(FF')},$$

et

$$[2] \qquad R^2 = F^2 + F'^2 + 2FF' \cos(FF'),$$

qui, avec la relation,

$$[3] \qquad (FR) + (F'R) = (FF'),$$

serviront à résoudre tous les problèmes relatifs aux forces F, F
et à leur résultante R.

63. 1° Si, par exemple, on veut *composer* en une seule deux
forces données, c'est-à-dire si *étant données les composantes F et
F', ainsi que l'angle qu'elles forment,* on se propose de *déterminer
la grandeur et la direction de la résultante,* l'équation [2] donnera R, et les relations [1] donneront ensuite (FR) ou (F'R).

Dans le cas ou (FF') serait droit, on aurait

$$R = \sqrt{F^2 + F'^2},$$

et
$$\cos(FR) = \sin(F'R) = \frac{F}{R}.$$

Dans le cas où (FF') serait égal à 180°, on trouverait

$$R = \pm(F - F'),$$

valeur dans laquelle il faudra prendre le signe supérieur si l'on a
$F > F'$, et le signe inférieur dans le cas contraire, de telle sorte
que R, qui représente ici la valeur absolue de la résultante, soit
toujours positif. Supposons par exemple $F > F'$; et prenons
$R = F - F'$. Les relations [1] exigent alors qu'on ait $\sin(FR) = 0$ et
$\sin(F'R) = 0$; et, comme on a en même temps $(FR) + (F'R) = 180°$,
il faut que l'un de ces deux angles soit nul, et l'autre égal à
180°. Mais comme $F > F'$ entraîne $(F'R) > (FR)$, indépendamment de la valeur de (FF'); il en résulte qu'on doit avoir
$(F'R) = 180°$ et $(FR) = 0$. C'est-à-dire que *lorsque les composantes
sont de sens contraire, la résultante est égale à leur différence et de
même sens que la plus grande;* ce que montre aussi la construction du parallélogramme.

Dans le cas où les deux composantes sont de même sens,
c'est-à-dire où $(FF') = 0$, on trouve $R = F + F'$; $\sin(FR) = 0$;
$\sin(F'R) = 0$; et $(FR) + (F'R) = 0$; ce qui exige qu'on ait

$$(FR) = 0 \quad \text{et} \quad (F'R) = 0.$$

Ainsi, *quand les composantes sont de même sens, la résultante
est aussi de même sens et égale à leur somme.* Nous retrouvons ici
l'axiome admis au n° 55 (Rem. I), ce qui devait être.

2° Si, au contraire, on veut *décomposer* une force donnée en deux autres ayant des directions données; c'est-à-dire si *étant donnée la résultante* R, *et les angles* (ER) *et* (F'R) *qu'elle fait avec ses composantes*, on propose de *trouver ces dernières*; la relation [3] donnera [FF']; les relations [1] donneront F et F'.

Dans le cas où (FF') = 180°, (FR) étant différent de zéro, la décomposition est impossible; car on trouve F = ∞ et F' = ∞.

Dans le cas où (FF') est droit, on aura :

$$F = R \cos (FR) \quad \text{et} \quad F' = R \cos (F'R).$$

REMARQUES. I. On voit que les composantes d'une force R suivant deux directions rectangulaires entre elles, ne sont autre chose que les *projections* rectangulaires de cette force sur ces directions.

II. On vient de voir que deux forces de même direction et de même sens s'ajoutent, et que deux forces de même direction et de sens contraire se retranchent : la résultante a dans le premier cas le sens d'une quelconque des composantes, et dans le second le sens de la plus grande.

Il en résulte d'abord que si l'on a un nombre quelconque de forces de même direction et de même sens appliquées à un même point matériel, leur résultante sera de même sens et égale à leur somme.

Il en résulte en second lieu que si l'on a à composer un nombre quelconque de forces de même direction, mais agissant les unes dans un sens et les autres en sens contraire, on pourra d'abord faire la somme de toutes celles qui agissent dans un sens, la somme de toutes celles qui agissent en sens contraire, faire ensuite la différence de ces deux sommes; ce sera la valeur absolue de l'intensité de la résultante, et elle aura le sens de la plus grande de ces deux sommes.

Dans les deux cas on peut dire que *la résultante de plusieurs forces de même direction est la somme algébrique des composantes*, si l'on regarde comme positives celles qui agissent dans un sens et comme négatives celles qui agissent dans le sens contraire.

64. Supposons maintenant que nous ayons à composer trois forces F, F', F'', appliquées à un même point matériel libre O (fig. 22), suivant les trois directions OX, OY, OZ; et soient OA, OB, OC les longueurs qui représentent ces forces.

On composera d'abord en une seule les deux forces F et F′, d'après la règle du parallélogramme des forces; soit r leur résultante, représentée par la diagonale OP du parallélogramme OBPA. On composera ensuite la force r avec la force F″; soit R leur résultante, représentée par la diagonale OD du parallélogramme OCDP. La force R sera la résultante des trois forces F, F′, F″.

Il est aisé de voir que la droite OD qui la représente n'est autre que la diagonale du parallélépipède construit sur les longueurs OA, OB, OC, qui représentent les trois composantes.

65. Pour *décomposer* une force donnée, représentée en grandeur et en direction par la droite OD (fig. 22) suivant trois directions données OX, OY, OZ, on mènera par le point D trois plans DMBP, DNAP, DMCN respectivement parallèles aux trois plans ZOX, ZOY, XOY; les arêtes OA, OB, OC du parallélépipède ainsi formé représenteront les trois composantes.

Remarque. Si les quatre directions OX, OY, OZ et OD étaient dans un même plan, la décomposition de la force donnée en trois autres dirigées suivant OX, OY et OZ, pourrait s'effectuer d'une infinité de manières. Car on pourrait mener dans le même plan, par le point O, une quatrième direction arbitraire OU, décomposer la force donnée suivant les directions OZ et OU, par exemple, et décomposer ensuite la composante obtenue suivant OU en deux forces dirigées suivant OX et OY.

66. Lorsque les trois composantes sont rectangulaires entre elles, on calcule facilement la résultante et les angles qu'elle fait avec ses composantes.

En effet, le parallélépipède AM est alors rectangle; et l'on a, d'après un théorème connu :

$$\overline{OD}^2 = \overline{OA}^2 + \overline{OB}^2 + \overline{OC}^2$$

ou
$$R^2 = F^2 + F'^2 + F''^2.$$

Dans le triangle COD, qui est rectangle en C, on a ensuite :

$$OC = OD \cdot \cos COD$$

ou
$$F'' = R \cos(F''R), \quad \text{d'où} \quad \cos(F''R) = \frac{F''}{R};$$

on aurait de même $\quad F' = R \cos(F'R), \quad$ d'où $\quad \cos(F'R) = \dfrac{F'}{R}$

et $\qquad\qquad\qquad F = R \cos(FR), \qquad\quad \cos(FR) = \dfrac{F}{R}.$

Les mêmes formules serviraient à déterminer les composantes d'une force R suivant trois directions rectangulaires OX, OY, OZ.

67. Quand les trois composantes ne sont pas rectangulaires, le moyen le plus commode de trouver l'expression de la résultante et les cosinus des angles qu'elle fait avec ses composantes, consiste à mener d'abord, par le point d'application commun des trois forces, trois axes rectangulaires ; à décomposer chacune des forces données suivant ces trois axes ; à composer ensuite les composantes obtenues suivant un même axe, ce qui donne trois résultantes partielles rectangulaires ; enfin à composer ces trois résultantes partielles, ce qui donne la résultante totale.

Soient α, β, γ les angles que fait la force F   avec les trois axes;

$\quad\alpha'$, β', γ' »   »   F'   »

$\quad\alpha''$, β'', γ'' »   »   F''   »

$\quad a$, b, c »   »   R   »

en entendant par l'angle d'une force et d'un axe l'angle que fait la direction suivant laquelle agit cette force avec la partie positive de cet axe.

Les composantes de F   suivant les axes seront $F \cos\alpha$, $F \cos\beta$, $F \cos\gamma$

         »   F'   »   » $F' \cos\alpha'$, $F' \cos\beta'$, $F' \cos\gamma'$

         »   F''   »   » $F'' \cos\alpha''$, $F'' \cos\beta''$, $F'' \cos\gamma''$

Ces composantes pourront être positives ou négatives, suivant que les angles α, β, γ, etc. seront aigus ou obtus.

Si l'on désigne par X, Y, Z les résultantes partielles des composantes qui se rapportent à un même axe, on aura, en vertu de la règle donnée au n° **63** (Rem. II).

$$X = F \cos\alpha + F' \cos\alpha' + F'' \cos\alpha''.$$

$$Y = F \cos\beta + F' \cos\beta' + F'' \cos\beta''.$$

$$Z = F \cos\gamma + F' \cos\gamma' + F'' \cos\gamma''.$$

Par conséquent :

$$R^2 = X^2 + Y^2 + Z^2 = F^2 + F'^2 + F''^2 + 2FF' (\cos\alpha\cos\alpha' + \cos\beta\cos\beta' + \cos\gamma\cos\gamma')$$
$$+ 2FF'' (\cos\alpha\cos\alpha'' + \cos\beta\cos\beta'' + \cos\gamma\cos\gamma'')$$
$$+ 2F'F'' (\cos\alpha'\cos\alpha'' + \cos\beta'\cos\beta'' + \cos\gamma'\cos\gamma'')$$

ou bien (voy. la Géom analyt. à trois dimensions)

[1] $R^2 = F^2 + F'^2 + F''^2 + 2FF'\cos(FF') + 2FF''\cos(FF'') + 2F'F''\cos(F'F'')$

Maintenant on a

$$\cos(FR) = \cos\alpha\cos a + \cos\beta\cos b + \cos\gamma\cos c;$$

or, $\cos a = \dfrac{X}{R}, \quad \cos b = \dfrac{Y}{R}, \quad \cos c = \dfrac{Z}{R}.$ (n° **66**);

donc $\cos(FR) = \dfrac{X\cos\alpha + Y\cos\beta + Z\cos\gamma}{R},$

où, en mettant pour X, Y, Z leurs valeurs, et réduisant,

$$\cos(FR) = \frac{F + F'\cos(FF') + F''\cos(FF'')}{R}$$
$$\cos(F'R) = \frac{F' + F''\cos(F'F'') + F\cos(F'F)}{R} \quad [2]$$
$$\cos(F''R) = \frac{F'' + F\cos(F''F) + F'\cos(F''F')}{R}$$

Les formules [1] et [2] serviraient aussi à décomposer une force donnée en trois autres, suivant des directions données.

68. Lorsqu'on a à composer un nombre quelconque de forces appliquées à un même point matériel, on suit la même marche que pour la composition des vitesses (34). On compose d'abord les deux premières; ce qui donne une première résultante; on compose cette résultante avec la troisième force, ce qui donne une seconde résultante; on compose cette seconde résultante avec la quatrième force, et ainsi de suite. La dernière résultante obtenue est la résultante totale.

L'application de cette méthode conduit, comme au n° **34**, à une règle plus simple. Soient OA, OB, OC, OD, OE (fig. 20), les droites qui représentent les forces données. Menez par l'extrémité A une droite AB' égale et parallèle à OB; par le point B', une droite B'C' égale et parallèle à OC; par le point C', une droite C'D' égale et parallèle à OD; enfin par le point D' une droite D'E' égale et parallèle à OE. Joignez OE'; cette droite représentera la résultante totale en grandeur et en direction.

Cette règle s'énonce, comme au n° 54, en disant : *portez les droites qui représentent les forces composantes, bout à bout dans leur direction propre; la droite qui fermera la ligne brisée ainsi obtenue, représentera la résultante.*

La décomposition d'une force donnée en trois composantes de directions données, situées dans un même plan, ou en plus de trois composantes de directions données dans l'espace, est un problème indéterminé.

69. La composition d'un nombre quelconque de forces appliquées à un même point matériel, peut s'effectuer par le calcul en employant la méthode que nous avons employée pour trois composantes.

Soient F, F', F″, F‴, etc., les composantes données; soient α, β, γ; α', β', γ', α'', β'', γ'', α''', β''', γ''', etc., les angles qu'elles font respectivement avec trois axes rectangulaires menés par leur point d'application commun; soient X, Y, Z les résultantes particielles des composantes qui se rapportent à un même axe; soit R la résultante totale; soient a, b, c les angles qu'elle fait avec les axes. On aura successivement :

$$X = F \cos\alpha + F' \cos\alpha' + F'' \cos\alpha'' + F''' \cos\alpha''' + \text{etc.}$$

ou, pour abréger l'écriture :

$$X = \Sigma F \cos\alpha \text{ (prononcez } somme\ de\ F \cos\alpha\text{)};$$

de même
$$Y = \Sigma F \cos\beta$$
$$Z = \Sigma F \cos\gamma$$

Par conséquent :

$$R^2 = X^2 + Y^2 + Z^2 = (\Sigma F \cos\alpha)^2 + (\Sigma F \cos\beta)^2 + (\Sigma F \cos\gamma)^2,$$

ce qui fera connaître l'intensité de la résultante.

On aura ensuite :

$$R \cos a = X, \quad R \cos b = Y, \quad R \cos c = Z,$$

et par conséquent :

$$\cos a = \frac{\Sigma F \cos \alpha}{R}, \quad \cos b = \frac{\Sigma F \cos \beta}{R}, \quad \cos c = \frac{\Sigma F \cos \gamma}{R},$$

ce qui fera connaître la direction de la résultante.

§ VI. Condition de l'équilibre des forces appliquées à un même point.—Elle est indépendante de l'état de repos ou de mouvement de ce point.

70. Il peut se faire que les forces appliquées à un même point matériel aient une résultante nulle. C'est ce qui arrive, dans le cas de deux forces, lorsqu'elles sont égales et directement opposées ; et, dans le cas de plusieurs forces, lorsque l'une d'elles est égale et directement opposée à la résultante de toutes les autres. On dit, dans ce cas, que les forces se font *équilibre*. Si le point matériel était en repos, il demeure en repos sous l'action de ces forces, puisque leurs effets s'entre-détruisent ; dans ce cas il y a *équilibre statique*. Si le point matériel était animé d'une vitesse initiale, cette vitesse n'est point altérée, et le mouvement demeure rectiligne et uniforme ; dans ce cas, il y a *équilibre dynamique*.

Il peut encore arriver que les forces appliquées au mobile se partagent en deux groupes ; l'un, composé de forces qui ont une résultante nulle ; l'autre, composé de forces dont la résultante est différente de zéro. On dit encore dans ce cas qu'il y a *équilibre dynamique* entre les forces du premier groupe ; et le mouvement du point matériel n'est dû qu'à sa vitesse initiale, s'il en avait une, et à l'action des forces qui forment le second groupe.

On pourrait donc, sans altérer le mouvement du point considéré, supprimer le premier groupe de forces, ou le rétablir à volonté. Ainsi on peut, sans troubler le mouvement d'un point matériel, ou sans le faire sortir de l'état de repos s'il était dans cet état, lui appliquer un groupe de forces qui se font équilibre, ou supprimer, dans le nombre des forces qui lui sont appliquées, celles qui ont une résultante nulle.

71. On a vu au n° **68** que la résultante d'un groupe de forces appliquées à un même point O (fig. 20) est représentée par la droite OE′ qui *ferme* la ligne brisée OAB′C′D′E′ obtenue en transportant bout à bout et dans leur direction propre les droites qui représentent les composantes. La condition géométrique pour que les forces se fassent équilibre est donc que la droite OE′ soit nulle, ou que la ligne brisée dont il s'agit soit d'elle-même *fermée*.

Dans ce cas, la somme algébrique des projections des côtés de la ligne brisée sur un axe quelconque est nulle; car cette somme est égale à la projection de la droite qui *ferme* la ligne brisée (voir la Géométrie analytique à trois dimensions), droite qui est nulle par hypothèse.

Si l'on appelle F, F′, F″, F‴, etc., les forces appliquées au point matériel considéré, et α, α', α'', α''', etc., les angles que font leurs directions avec la partie positive de l'axe sur lequel on les projette, on aura donc :

[1] $F\cos\alpha + F'\cos\alpha' + F''\cos\alpha'' + F'''\cos\alpha''' + etc. = 0$ ou $\Sigma F\cos\alpha = 0$

pour abréger l'écriture.

Et l'on devra avoir une relation analogue pour tous les axes sur lesquels on projettera les forces en équilibre.

72. Mais il est facile de s'assurer qu'il suffira pour l'équilibre que cette condition soit remplie par rapport à trois axes passant par un même point et non situés dans un même plan.

En effet, désignons par OX, OY, OZ ces axes menés par le point O; soient α, β, γ les angles que l'une des forces F fait avec eux; on aura par hypothèse :

[2] $\Sigma F\cos\alpha = 0$; $\Sigma F\cos\beta = 0$; $\Sigma F\cos\gamma = 0$.

Imaginons pour un moment que la résultante soit différente de zéro, c'est-à-dire que OE′ ne soit pas nul.

Comme on a $\Sigma F\cos\alpha = 0$, la projection de OE′ sur l'axe OX serait nulle, ce qui exigerait que OE′ fût perpendiculaire à OX.

Comme on a $\Sigma F\cos\beta = 0$, la projection de OE′ sur l'axe OY serait nulle, ce qui exigerait que OE′ fût perpendiculaire à OY.

Ainsi OE′ serait perpendiculaire au plan XOY; et puisque OZ est hors de ce plan, OE′ ne lui serait point perpendiculaire; la projection de OE′ sur OZ ne serait donc pas nulle; et l'on n'aurait pas $\Sigma F\cos\gamma = 0$; ce qui serait contraire à l'hypothèse.

On ne peut donc pas supposer que OE′ soit différent de zéro;

il faut donc qu'il soit nul, et que, par conséquent, les forces se fassent équilibre.

Ainsi les relations [2] sont les conditions analytiques nécessaires et suffisantes pour qu'il y ait équilibre.

On prend ordinairement les trois axes OX, OY, OZ rectangulaires; et l'on énonce les conditions [2] en disant : *Pour qu'un système de forces appliquées à un même point matériel soit en équilibre, il faut et il suffit que la somme algébrique des projections de ces forces sur trois axes rectangulaires soit nulle pour chacun de ces axes:*

Nous rappelons que ces conditions s'appliquent à un groupe de forces en équilibre, quel que soit l'état de repos ou de mouvement du point matériel sur lequel elles agissent, et lors même que ce point serait soumis, en outre, à l'action d'un autre groupe de forces.

CHAPITRE III.

TRAVAIL DES FORCES APPLIQUÉES A UN POINT MOBILE.

§ I. Travail élémentaire d'une force appliquée à un point mobile. — Deux manières de l'évaluer, suivant qu'on projette la force sur la direction de l'élément de chemin décrit, ou l'élément de chemin sur la direction de la force. — Travail élémentaire moteur ; travail élémentaire résistant. — Le travail élémentaire d'une force normale à l'élément de chemin est nul.

73. Lorsqu'une force est employée à un usage industriel, la mesure de son effet exige la considération de deux éléments, l'intensité de la force et le déplacement de son point d'application.

Si, par exemple, une force verticale F, dirigée de bas en haut est employée à élever uniformément un poids P à une hauteur h, d'abord F sera égal à P, puisque le mouvement est supposé uniforme (**70**); en second lieu l'effet produit sera proportionnel au produit de F par h. Car si le poids P devenait n fois plus grand, l'effet produit serait aussi n fois plus grand; et si la hauteur h devenait n' fois plus grande, l'effet produit serait par cela même n' fois plus grand; en sorte que cet effet varie en raison composée du poids P et de la hauteur h, c'est-à-dire qu'il est proportionnel à Ph, ou, ce qui revient au même, à Fh.

Ce produit Fh d'une force F par le chemin h que décrit son point d'application dans la direction de la force, est ce que l'on nomme son *travail*.

Mais l'importance de la notion du travail dans les machines a conduit à la généraliser, comme on va le voir, afin de la rendre applicable à des forces variables agissant sur des points animés de mouvements quelconques.

74. On appelle *travail élémentaire* d'une force le produit de cette force par l'élément de chemin que décrit son point d'application, et par le cosinus de l'angle que la direction de la force fait avec celle de l'élément (ces directions étant comptées à partir du point d'application dans le sens de la force et dans le sens du chemin).

Soit, par exemple, AMB (fig. 25) la courbe décrite par le point mobile, M la position de ce point à l'instant où on le considère, MT la direction de la tangente à la courbe en ce point, et MM′ l'élément commun à la courbe et à sa tangente, lequel élément est censé décrit en allant de M vers M′; soit MF la droite qui représente la direction de la force F. L'élément de travail de cette force, à l'instant que nous considérons, sera

$$F \,.\, MM' \,.\, \cos FMT$$

ou, en désignant l'élément de chemin par ε, et l'angle FMT par (εF),

[1] $$F\varepsilon \cos (\varepsilon F).$$

75. Ce produit peut s'écrire

$$F \times \varepsilon \cos (\varepsilon F).$$

Or, $\varepsilon \cos (\varepsilon F)$ est la projection de l'élément ε sur la direction de F; on peut donc dire que : *le travail élémentaire d'une force est le produit de cette force par la projection de l'élément de chemin que décrit son point d'application sur la direction de la force.*

Le même produit peut aussi s'écrire :

$$\varepsilon \times F \cos (\varepsilon F).$$

Or, $F \cos (\varepsilon F)$ est la projection de la force F sur la direction de l'élément ε; on peut donc dire aussi que : *le travail élémentaire d'une force est le produit de l'élément de chemin que décrit son point d'application, par la projection de la force sur la direction de cet élément.*

Si, par exemple, MI est la projection de MM′ sur MF, et P la projection de F sur MT, le travail élémentaire de F sera également exprimé par $F \times MI$ ou par $MM' \times P$.

On emploie, suivant les cas, l'une ou l'autre de ces deux manières d'exprimer l'élément de travail d'une force.

76. Lorsque, comme dans la figure 25, l'angle FMT formé

par la direction de la force F et celle de l'élément MM' est aigu, le cosinus de cet angle, et par suite le produit $F\varepsilon(\varepsilon F)$ est *positif*. On dit alors que l'élément de travail est *moteur*.

Lorsque, comme dans le cas de la figure 26, l'angle FMT est obtus, le cosinus de cet angle, et par suite le produit $F\varepsilon \cos(\varepsilon F)$, est *négatif*. On dit alors que l'élément de travail est *résistant*.

On voit que, dans le premier cas, l'élément de chemin projeté sur la direction de la force tombe dans le sens de cette force, et que, dans le second cas, il tombe dans un sens opposé. On peut donc dire que l'*élément de travail est moteur ou résistant, selon que l'élément de chemin, projeté sur la direction de la force, tombe dans le sens de cette force ou en sens contraire.*

On voit aussi que, dans le cas de la figure 25, la force projetée sur la direction de l'élément de chemin, tombe dans le sens de cet élément ; tandis que dans le cas de la figure 26, elle tombe dans un sens opposé. On peut donc dire encore que l'*élément de travail est moteur ou résistant selon que la force projetée sur la direction de l'élément de chemin, tombe dans le sens de cet élément ou en sens contraire.*

77. REMARQUES. I. Ces définitions sont applicables au cas où les directions de la force et de l'élément de chemin sont de même sens ou de sens opposé, c'est-à-dire au cas où l'angle (εF) est nul, et au cas où cet angle vaut 180°. Le travail élémentaire est moteur dans le premier cas et résistant dans le second.

Lorsque, par exemple, un cheval exerce sur les traits d'une voiture un effort parallèle à la route, il arrive ordinairement que la voiture cède à cet effort, la force et l'élément de chemin sont alors de même sens, et le travail élémentaire est *moteur*. Mais il peut arriver aussi, dans les montées, que la voiture recule en dépit de l'effort de l'animal; la force et l'élément de chemin sont alors de sens contraire, il y a encore travail de la part du cheval, mais c'est un travail *résistant*.

II. Il peut se faire aussi que le travail élémentaire soit nul; et cela peut arriver de trois manières différentes.

1° La force peut être nulle. Il peut arriver, par exemple, qu'une voiture avance, par l'effet de sa vitesse acquise, sans que

le cheval qui y est attelé ait aucun effort à exercer. Dans ce cas
il n'y a pas de travail.

2° L'élément de chemin peut être nul. C'est ce qui arriverait
si la voiture, retenue par quelque obstacle, ne cédait point à
l'effort du cheval ; le travail de celui-ci serait nul, dans le sens
qu'on attache à ce mot travail en Mécanique, bien que l'effort
pût être considérable.

3° Enfin, le cosinus de l'angle formé par la direction de la
force et par celle de l'élément de chemin peut être nul ; c'est-à-
dire que cet angle peut être droit. Dans ce cas, il n'y a pas non
plus de travail élémentaire, parce qu'il n'y a pas de chemin décrit dans le sens de la force.

C'est ce qui arriverait, par exemple, si, tandis qu'un wagon
parcourt une portion rectiligne de chemin de fer, on exerçait
contre le wagon un effort perpendiculaire à la direction de la
voie (mais insuffisant pour lui faire quitter les rails) ; le travail
de cet effort latéral serait nul.

Ainsi, le travail élémentaire d'une force est nul, soit quand la
force est nulle, soit quand l'élément de chemin est nul, soit
quand la force est perpendiculaire à l'élément de chemin, c'est-
à-dire normale à la courbe décrite par son point d'application.

§ II. Travail total d'une force constante dirigée dans le sens du chemin parcouru, ou qui reste parallèle à elle-même. — Application au mouvement
d'un point matériel pesant sur une courbe quelconque.

78. On appelle *travail total* d'une force, pendant un temps
fini et déterminé, ou pour un déplacement fini et déterminé du
mobile, la *somme des travaux élémentaires* de cette force, pendant ce temps ou pour ce déplacement.

On désigne le travail total d'une force par la caractéristique $\mathfrak{C}$,
de la même manière qu'on désigne un logarithme par la caractéristique l. Ainsi, $\mathfrak{C}F$ signifie *travail total de la force* F.

Quand on dit le *travail* d'une force, sans ajouter le mot *total*,
cette épithète est toujours sous-entendue ; mais il est préférable
de dire *travail total*, toutes les fois qu'il pourrait y avoir ambi-
guïté.

Le travail total se calcule sans difficulté dans les deux cas par-
ticuliers qui suivent, et qui se rencontrent fréquemment dans
les applications.

79. Supposons d'abord que la force soit constante d'intensité, et constamment dirigée dans le sens du chemin élémentaire parcouru, c'est-à-dire constamment tangente à la courbe que décrit son point d'application.

Si F désigne la valeur constante de la force; si ε, ε', ε'', ε''', etc. sont les éléments de chemin successivement décrits par son point d'application; et si e représente la somme de ces éléments de chemin, ou ce qui revient au même, le chemin total que l'on considère; les travaux élémentaires successifs de la force F auront respectivement pour valeur $F\varepsilon$, $F\varepsilon'$, $F\varepsilon''$, $F\varepsilon'''$, etc. On aura donc, d'après la notation adoptée :

$$\mho F = F\varepsilon + F\varepsilon' + F\varepsilon'' + F\varepsilon''' + \text{etc.}$$
$$= F(\varepsilon + \varepsilon' + \varepsilon'' + \varepsilon''' + \text{etc.})$$

ou
$$\mho F = Fe,$$

c'est-à-dire que, dans ce cas, le travail total de la force F s'obtient en multipliant la valeur constante de cette force par l'arc total qu'a décrit son point d'application.

Exemples. I. Si le chemin décrit par le point d'application de la force constante est rectiligne, et que cette force soit constamment dirigée dans le sens du mouvement de ce point, son travail sera le produit du chemin par la force.

Ainsi, dans les machines à vapeur sans détente (voir le *Cours de Physique*), le travail de la vapeur pendant une course du piston, est le produit de la longueur de cette course par la pression constante de la vapeur, laquelle agit sur le piston dans le sens même de son mouvement.

II. Lorsqu'un poids, suspendu à une corde qui s'enroule sur un cylindre à axe horizontal, descend d'une certaine quantité, la direction de ce poids reste tangente à un cercle qui a son centre sur l'axe et pour rayon celui du cylindre augmenté de celui de la corde; le travail de ce poids s'obtiendra donc en multipliant le poids lui-même par l'arc de la circonférence dont on vient de parler, compris entre les points de contact au commencement et à la fin du mouvement. (Cet arc est égal à la portion de corde déroulée pendant la descente du poids.)

80. Supposons en second lieu que la force soit constante d'intensité et de direction. Pour évaluer les travaux élémentaires, on pourra projeter les éléments de chemin successifs sur cette direction constante (**75**). Le travail total de la force sera donc le produit de cette force par la somme des projections de ces éléments; ou, ce qui revient au même, par la distance comprise entre les projections des positions extrêmes du mobile sur la direction de la force.

EXEMPLE. Lorsqu'un point pesant descend le long d'une courbe quelconque AB (fig. 27), le travail élémentaire du poids P du mobile, pendant qu'il décrit un élément de chemin quelconque MM′, est le produit de ce poids P par la projection mm' de l'élément de chemin sur une verticale quelconque XY. Le travail total de ce poids sera donc le produit de P par la somme des projections analogues à mm'; c'est-à-dire par la distance ab comprise entre les projections a et b des positions extrêmes du mobile sur la direction XY parallèle à la force.

Ainsi : $$\mathcal{C}P = P \times ab.$$

REMARQUES. I. On voit que ce travail est indépendant de la nature de la courbe AB décrite par le point pesant. On peut donc dire que : *Lorsqu'un point pesant descend le long d'une courbe quelconque, le travail de la pesanteur est le produit du poids du mobile par la distance verticale dont il est descendu.*

II. Ce théorème subsisterait encore lors même que la courbe décrite par le mobile aurait la forme représentée par la fig. 28; c'est-à-dire lors même qu'après avoir descendu le long d'un arc AC, le mobile remonterait le long d'un arc CD, pour redescendre ensuite le long d'un troisième arc DB.

Si l'on mène, en effet, par les points C et D, des plans horizontaux qui coupent XY aux points c et d; la courbe AB touchera ces plans aux points C et D, et coupera en outre le premier en un point I. Les éléments de l'arc AC étant supposés avoir des projections positives, ceux de l'arc CD auront des projections négatives; la projection totale de CD sera donc $-cd$. Mais la projection de DI sera $+dc$. La projection totale de ACDIB sera donc $ac - cd + dc + cb$ ou ab; et le travail du poids P aura encore pour expression $P \times ab$, comme tout à l'heure.

III. On peut remarquer que lorsqu'un point pesant, parti d'un certain plan horizontal, revient à ce même plan, après

avoir parcouru un chemin quelconque, le travail de son poids
est nul, attendu que ce travail total se compose de travaux élémentaires qui s'entre-détruisent, comme étant deux à deux
égaux et de signe contraire.

§ III. Travail total d'une force variable dirigée, ou non, dans le sens du chemin décrit par son point d'application : il s'obtient par une quadrature ou à
l'aide d'un tracé approximatif.

81. Evaluons actuellement le travail total d'une force dans
le cas le plus général. Soit AB (fig. 29) la courbe décrite par le
point d'application de la force variable. Divisons cette courbe
en éléments Am, mm', $m'm''$, $m''m'''$, $m'''B$, assez petits pour qu'ils
puissent être considérés comme sensiblement rectilignes, et
pour que, tandis que le mobile parcourt chacun d'eux, la force
puisse être considérée comme sensiblement constante en direction et en intensité. Soient F, F', F'', F''', F'ᵛ, Fᵛ, les valeurs
de cette force aux points A, m, m', m'', m''', B. Par ces points
menons les tangentes AT, mT', m'T'', m''T''', m'''T'ᵛ, BTᵛ. Concevons que l'on projette la force F sur AT, F' sur mT', F''
sur m'T'', et ainsi de suite; et soient AP, mP', m'P'', m''P''',
m'''P'ᵛ, BPᵛ les projections obtenues. Les travaux élémentaires
successifs de la force variable auront respectivement pour valeurs :

$$Am \times AP, \quad mm' \times mP', \quad m'm'' \times m'P'', \quad m''m''' \times m''P''', \quad m'''B \times m'''P'ᵛ;$$

le travail total sera donc la somme de ces éléments, ou plutôt la
limite vers laquelle tend cette somme à mesure que les divisions
de AB sont plus petites.

Mais pour obtenir ainsi une approximation suffisante, il faudrait multiplier considérablement les divisions de AB, ce qu'on
peut éviter; c'est ce que montreront les considérations géométriques suivantes.

Traçons deux axes rectangulaires AX et AY (fig. 30). Prenons sur AX les longueurs Am, mm' $m'm''$, $m''m'''$, $m'''B$ respectivement égales à celles de la fig. 29; sur des perpendiculaires à AX portons les distances AP, mP', m'P'', m''P''', m'''P'ᵛ, BPᵛ
égales à celles de la fig. 29; et par les points P, P', P'', P''', P'ᵛ,
Pᵛ faisons passer une courbe continue. Si l'on mène Pn,

$P'n'$, $P''n''$, $P'''n'''$, $P^{\text{iv}}n^{\text{iv}}$ parallèles à AX, on obtiendra les rectangles

$$AmnP,\ mm'n'P',\ m'm''n''P'',\ m''m'''n'''P''',\ m'''Bn^{\text{iv}}P^{\text{iv}},$$

qui auront respectivement la même mesure que les travaux élémentaires ci-dessus écrits.

Or, la somme de ces rectangles a pour limite l'aire $ABP'P$ comprise entre la courbe, l'axe AX et les ordonnées extrêmes; c'est donc cette aire qui représente le travail total. On va voir qu'un petit nombre d'ordonnées suffit pour la calculer avec une approximation satisfaisante.

82. On emploie pour cela trois méthodes principales, qui supposent toutes que les ordonnées à l'aide desquelles on a déterminé la courbe sont équidistantes. Nous verrons plus loin comment il faudrait opérer si cette condition n'était pas remplie.

Méthode des trapèzes. Soit ABCDEFG (fig. 31) une courbe déterminée par des ordonnées équidistantes Aa, Bb, Cc, etc.; et supposons qu'il s'agisse d'évaluer l'aire comprise entre cette courbe, l'axe OX et les ordonnées extrêmes Aa, Gg. Menons les cordes consécutives AB, BC, CD, etc., et évaluons les trapèzes AabB, BbcC, CedD, etc.; leur somme approchera sensiblement de l'aire demandée, si ces ordonnées sont en nombre suffisant pour que les arcs de courbe qu'elles comprennent s'écartent peu de la ligne droite.

Or, si l'on nomme y_0, y_1, y_2, $y_3 \ldots\ldots y_n$ les ordonnées, et δ la distance de deux d'entre elles, on aura :

$$\text{Trapèze A}ab\text{B} = ab \cdot \tfrac{1}{2}(\text{A}a + \text{B}b) = \delta \cdot \tfrac{1}{2}(y_0 + y_1)$$

$$\text{Trapèze B}bc\text{C} = \ldots\ldots\ldots\ldots = \delta \cdot \tfrac{1}{2}(y_1 + y_2)$$

$$\ldots\ldots\ldots\ldots\ldots\ldots\ldots\ldots\ldots\ldots\ldots\ldots$$

$$\text{Trapèze F}fg\text{G} = \ldots\ldots\ldots\ldots = \delta \cdot \tfrac{1}{2}(y_{n-1} + y_n).$$

En faisant la somme, et désignant par A l'aire demandée, on aura donc sensiblement

$$A = \delta\left[\tfrac{1}{2}y_0 + y_1 + y_2 + y_3 \ldots + y_{n-1} + \tfrac{1}{2}y_n\right],$$

c'est-à-dire que l'aire A a pour première valeur approchée *le produit de la distance δ de deux ordonnées consécutives par la* *demi-somme des ordonnées extrêmes, augmentée de la somme de toutes les ordonnées intermédiaires.*

Cette méthode donne un résultat un peu trop faible quand la courbe tourne sa concavité vers l'axe, comme dans la figure 31; elle donne au contraire un résultat un peu trop fort quand la courbe tourne sa convexité vers l'axe. Dans les courbes sinueuses, les erreurs tendent à se compenser.

83. Méthode de thomas simpson. Cette méthode suppose que la distance ag des ordonnées extrêmes est divisée en un nombre pair de parties égales par les ordonnées intermédiaires; en sorte que le nombre total des ordonnées est impair.

On démontre, dans la Géométrie analytique que, par trois points donnés, non en ligne droite, on peut toujours faire passer une parabole dont l'axe soit parallèle à une direction donnée. Imaginons donc que l'arc de courbe ABC soit l'arc d'une parabole dont l'axe serait parallèle à Bb. L'ordonnée sera un diamètre de la courbe, et si l'on mène au point B la tangente MN, elle sera parallèle à la corde AC. Il en résulte que le segment parabolique ABCA sera les $\frac{2}{3}$ du parallélogramme AMNC, et aura par conséquent pour mesure

$$\tfrac{2}{3}\mathrm{B}i \times ac.$$

D'ailleurs le trapèze rectiligne AacC est mesuré par

$$bi \times ac;$$

le trapèze curviligne ABCca a donc pour valeur

$$ac[bi + \tfrac{2}{3}\mathrm{B}i]$$

ou

$$ac[bi + \tfrac{2}{3}(\mathrm{B}b - bi)],$$

ou $\qquad \tfrac{1}{3}ac(bi + 2\mathrm{B}b),$ ou enfin $\quad \tfrac{1}{6}ab(2bi + 4\mathrm{B}b).$

mais $\qquad ac = 2\delta; \quad 2bi = y_0 + y_2$ et $\mathrm{B}b = y_1$

donc,   le trapèze $\mathrm{ABC}ca = \tfrac{1}{3}\delta(y_0 + 4y_1 + y_2).$

On trouvera de même

$$\mathrm{CDE}ec = \tfrac{1}{3}\delta(y_2 + 4y_3 + y_4).$$

$$\dots \dots \dots \dots \dots \dots \dots \dots$$

$$\mathrm{EFG}ge = \tfrac{1}{3}\delta(y_{n-2} + 4y_{n-1} + y_n);$$

par suite

$$\mathrm{A} = \tfrac{1}{3}\delta[y_0 + 4y_1 + 2y_2 + 4y_3 + 2y_4 \dots + 2y_{n-2} + 4y_{n-1} + y_n],$$

ou encore

$$A = \tfrac{1}{3}\delta[(y_0+y_n)+4(y_1+y_3+\ldots+y_{n-1})+2(y_2+y_4\ldots+y_{n-2})],$$

c'est-à-dire que l'aire en question a pour valeur approchée : *le tiers du produit de la distance de deux ordonnées consécutives, par la somme des ordonnées extrêmes, plus 4 fois la somme des ordonnées de rang pair, plus 2 fois la somme des ordonnées intermédiaires de rang impair.*

Cette méthode est d'autant plus exacte que les différents arcs de la courbe s'écartent moins de la forme parabolique. La formule subsisterait encore si la courbe tournait sa convexité vers l'axe; car on aurait, dans ce cas (fig. 32) :

Trapèze rectiligne $\quad AacC = ac \times bi,$

segment parabolique $\quad ABCA = \tfrac{2}{3}ac \times Bi,$

donc, trapèze curviligne $\quad ABCca = ac(bi - \tfrac{2}{3}Bi)$

$$= ac[bi - \tfrac{2}{3}(bi - Bb)]$$

$$= \tfrac{1}{3}ac(bi + 2Bb),$$

comme dans le cas de la figure 31; par suite, la même formule définitive.

REMARQUE. Si la courbe avait un point d'inflexion, elle ne pourrait plus être assimilée à une parabole dans le voisinage de ce point, qu'autant qu'il correspondrait à une ordonnée de rang impair. Si cela n'avait pas lieu, il faudrait diviser l'aire en deux parties : l'une, depuis la première ordonnée jusqu'à celle du point d'inflexion, l'autre depuis l'ordonnée du point d'inflexion jusqu'à la dernière; et évaluer ces deux parties indépendamment l'une de l'autre.

S'il y avait deux points d'inflexion, on diviserait l'aire totale en trois parties, limitées par les ordonnées extrêmes et par celles des deux points d'inflexion; et l'on évaluerait ces trois parties indépendamment les unes des autres. Et ainsi de suite.

84. MÉTHODE DE M. PONCELET. Cette méthode exige aussi que la distance des ordonnées extrêmes soit divisée en un nombre pair de parties égales; et que par conséquent le nombre total des ordonnées soit impair.

Par les sommets B,D,…,F (fig. 33) qui correspondent aux ordonnées de rang pair, menons les tangentes MN,PQ,…,RS terminées de part et d'autre à l'ordonnée de rang impair qui précède ou qui suit.

Soit P la somme des aires des trapèzes aMNc, cPQe, ..., eRSg ; on aura

$$P = ac \times \mathrm{B}b + ce \times \mathrm{D}d \ldots + eg \times \mathrm{F}f$$
$$= 2\delta(y_1 + y_3 \ldots + y_{n-1}) ;$$

ou, en désignant par S_1 la quantité entre parenthèses, ou la somme des ordonnées de rang pair,

$$P = 2\delta S_1.$$

Joignons maintenant AB, BD, ..., DF et FG, de manière à sauter les sommets de rang impair, excepté les extrêmes ; et soit p la somme des trapèzes aABb, bBDd, ..., dDFf, fFGg. Nous aurons

$$p = \tfrac{1}{2}ab(\mathrm{A}a + \mathrm{B}b) + \tfrac{1}{2}bd(\mathrm{B}b + \mathrm{B}d) \ldots + \tfrac{1}{2}df(\mathrm{D}d + \mathrm{F}f) + \tfrac{1}{2}fg(\mathrm{F}f + \mathrm{G}g)$$

$$\text{ou } \; p = \tfrac{1}{2}\delta(y_0 + y_1) + \delta(y_1 + y_3) \ldots + \delta(y_{n-3} + y_{n-1}) + \tfrac{1}{2}\delta(y_{n-1} + y_n)$$

$$= \delta[\tfrac{1}{2}(y_0 + y_1) + y_1 + y_3 \ldots + y_{n-3} + y_{n-1} + \tfrac{1}{2}(y_{n-1} + y_n)]$$

ou bien en ajoutant et retranchant $\tfrac{1}{2}(y_1 + y_{n-1})$

$$p = \delta[2S_1 + \tfrac{1}{2}(y_0 + y_n) - \tfrac{1}{2}(y_1 + y_{n-1})].$$

Or, l'aire A est évidemment comprise entre P et p ; on aura donc une valeur approchée de cette aire en posant

$$\mathrm{A} = \tfrac{1}{2}(\mathrm{P} + p)$$

$$\text{ou} \qquad \mathrm{A} = \delta[2S_1 + \tfrac{1}{4}(y_0 + y_n) - \tfrac{1}{4}(y_1 + y_{n-1})]$$

c'est-à-dire qu'elle a sensiblement pour mesure *le produit de la distance de deux ordonnées consécutives, par le double de la somme des ordonnées de rang pair, augmentée du quart de la somme des ordonnées extrêmes, et diminuée du quart de la somme des ordonnées immédiatement voisines des deux extrêmes.*

On voit que, dans cette expression, il n'entre que les ordonnées de rang pair et les deux ordonnées extrêmes ; en sorte qu'elle dispense de calculer ou de mesurer les ordonnées de rang impair. Avec un nombre d'ordonnées presque moitié moindre de celui qu'exige la méthode de Simpson, elle donne un résultat aussi approché, et souvent même beaucoup plus.

La formule subsisterait encore si la courbe tournait sa convexité vers l'axe.

REMARQUES. I. On calcule très-facilement une limite supérieure de l'erreur commise. Cette erreur est, en effet, moindre que la demi-différence des aires P et p dont on a pris la moyenne pour la valeur de A. En appelant l la limite cherchée, on a donc

$$l = \tfrac{1}{2}(\mathrm{P} - p) = \tfrac{1}{4}\delta[(y_1 + y_{n-1}) - (y_0 + y_n)],$$

c'est-à-dire qu'*on a une limite supérieure de l'erreur commise, en prenant le quart du produit de la distance de deux ordonnées consécutives par la somme des deux ordonnées immédiatement voisines des extrêmes, diminuée de la somme des deux extrêmes.*

Il faudrait prendre la différence de ces deux sommes en sens contraire, si la courbe tournait sa convexité vers l'axe.

II. La valeur de la limite l peut s'obtenir sur la figure; car on a, en joignant AG et BF, qui coupent l'ordonnée du milieu en i et en k,

$$y_1 + y_{n-1} = 2dk \quad \text{et} \quad y_0 + y_n = 2dh,$$

donc

$$l = \tfrac{1}{4}\delta.(dk - dh) = \tfrac{1}{4}\delta . hk.$$

III. Cette limite peut ainsi être déterminée à l'avance, c'est-à-dire dès que les ordonnées sont tracées, et avant l'application de la formule; on peut donc juger, avant tout calcul, si le nombre des ordonnées est suffisant pour obtenir l'approximation que l'on désire.

85. Afin de donner un exemple de l'application de ces formules, supposons qu'on se propose d'évaluer l'aire comprise entre l'hyperbole dont l'équation est $xy = 0^m,0840$, l'axe des x et les ordonnées qui répondent à

$$x = 0^m,1 \quad \text{et} \quad x = 0^m,7.$$

Calculons les ordonnées correspondantes à

$$x = \ldots 0^m,1 \quad 0^m,2 \quad 0^m,3 \quad 0^m,4 \quad 0^m,5 \quad 0^m,6 \quad 0^m,7$$

nous trouverons

$$0^m,84 \quad 0^m,42 \quad 0^m,28 \quad 0^m,21 \quad 0^m,168 \quad 0^m,14 \quad 0^m,12.$$

$$y_0 \qquad y_1 \qquad y_2 \qquad y_3 \qquad y_4 \qquad y_5 \qquad y_6,$$

nous aurons ainsi un nombre impair d'ordonnées équidistantes.

La méthode des trapèzes donnera :

$$A = 0^m,1(0^m,42 + 0^m,42 + 0^m,28 + 0^m,21 + 0^m,168 + 0^m,14 + 0^m,06)$$

ou
$$A = 0^{mq},1698.$$

La méthode de Th. Simpson donnera :

$$A = \tfrac{1}{3} \cdot 0^m,1[(0^m,84 + 0^m,12) + 4(0^m,42 + 0^m,21 + 0^m,14) + 2(0^m,28 + 0^m,168)]$$

ou
$$A = 0^{mq},1645\ldots$$

La méthode de M. Poncelet donnera enfin :

$$A = 0^m,1[2(0^m,42 + 0^m,21 + 0^m,14) + \tfrac{1}{2}(0^m,84 + 0^m,12) - \tfrac{1}{4}(0^m,42 + 0^m,14)]$$

ou
$$A = 0^{mq},1640.$$

La valeur véritable de l'aire demandée est $0^{mq},164456\ldots$

On voit que la méthode de Simpson donne un résultat très-approché ; et que celle de M. Poncelet, qui emploie deux ordonnées de moins, donne encore une approximation très-satisfaisante, puisque l'erreur est moindre que $\frac{1}{360}$ de la valeur véritable. La méthode des trapèzes est celle qui s'écarte le plus de la vérité.

86. Nous avons supposé jusqu'ici que la courbe était déterminée par des ordonnées équidistantes. Si elles ne l'étaient pas, on pourrait, après avoir tracé la courbe, faire abstraction des ordonnées intermédiaires, et les remplacer par des ordonnées équidistantes dont on prendrait la valeur sur l'épure même.

Nous avons supposé aussi que la courbe ne coupait pas l'axe, ou que tous les travaux élémentaires étaient positifs. S'il y en avait de négatifs, les parties correspondantes de l'aire de la courbe se trouveraient situées au-dessous de l'axe ; et, dans l'évaluation de l'aire totale, elles devraient entrer comme soustractives.

Si, par exemple, la courbe obtenue était celle de la figure 34, le travail total serait représenté par

$$A a B A - B C D B + D e E D.$$

Il pourrait même arriver que le résultat se trouvât négatif, auquel cas le travail serait résistant.

Remarques. I. Si la force variable était dirigée constamment dans le sens du chemin, ce qui arrive fréquemment, tout ce qui précède serait applicable; seulement il n'y aurait aucune projection de forces à effectuer.

II. Les méthodes que nous venons d'exposer pour évaluer approximativement l'aire d'une courbe sont très-précieuses dans les applications. Elles donnent, avec 5 ordonnées, et souvent même avec 3, un résultat assez approché pour les besoins de la pratique; tandis que les procédés plus rigoureux de l'analyse sont le plus souvent inapplicables. Ces méthodes approximatives ne sont pas d'ailleurs bornées à la recherche du travail total d'une force variable; on les emploie dans une multitude d'autres questions de Mécanique ou de Physique.

§ IV. Ce qu'on entend par effort moyen. — Unité de travail, kilogrammètre.

87. Il arrive souvent qu'une force, quoique variable, reste cependant comprise entre des limites assez peu éloignées. Dans ce cas on lui substitue, pour plus de commodité, une force fictive constante, capable de produire le même travail. Cette force fictive est ce qu'on appelle l'*effort moyen*. On suppose ordinairement qu'il agit dans le sens du chemin parcouru, c'est-à-dire tangentiellement à la courbe décrite par le point d'application de la force.

Ceci est tout à fait analogue à ce que l'on fait, lorsque, à un mouvement varié, on substitue un mouvement fictif uniforme (**10**). Le calcul de l'effort moyen est également analogue au calcul de la vitesse moyenne. Pour obtenir cette dernière, on divise le chemin total parcouru par le temps total employé à le parcourir. Pour calculer l'effort moyen, on divise le travail total de la force par le chemin total qu'a décrit son point d'application.

En effet, si F est la force variable, et F_1 l'effort moyen, en appelant e le chemin total parcouru par le point d'application de la force F, ou de la force F_1, il faudra que le travail de F_1, qui est F_1e, soit égal au travail total de la force variable F. On devra donc avoir :

$$F_1 e = \mathcal{E}F \quad \text{d'où} \quad F_1 = \frac{\mathcal{E}F}{e}.$$

Si l'on se reporte aux formules du paragraphe précédent, on

verra que le chemin total e équivaut à $n\delta$, et que par conséquent on a

$$F_1 = \frac{A}{n\delta}.$$

Par la méthode des trapèzes on trouvera :

$$F_1 = \frac{1}{n}\left[\tfrac{1}{2}y_0 + y_1 + y_2 + y_3 \ldots + y_{n-1} + \tfrac{1}{2}y_n\right].$$

Par la méthode de Th. Simpson :

$$F_1 = \frac{1}{3n}\left[(y_0 + y_n) + 4(y_1 + y_3 \ldots + y_{n-1}) + 2(y_2 + y_4 \ldots + y_{n-2})\right].$$

Par la méthode de M. Poncelet :

$$F_1 = \frac{1}{n}\left[2S_1 + \tfrac{1}{4}(y_0 + y_n) - \tfrac{1}{4}(y_1 + y_{n-1})\right].$$

88. On a choisi pour unité de travail celui qu'il faut développer pour élever l'unité de poids à l'unité de hauteur; c'est le produit du kilogramme par le mètre. On lui a donné le nom de *kilogrammètre*, et on la désigne par les initiales *kgm*.

Si l'on a une force constante F, rapportée au kilogramme, et que son point d'application parcoure dans la direction de la force un chemin e, rapporté au mètre, son travail sera le produit Fe, rapporté au kilogrammètre.

Par exemple, un cheval traînant une voiture au pas exerce un effort moyen d'environ 70 kilog.; s'il parcourt ainsi 10 kilom. ou 10000 mètres, son travail sera 70^{kg} $\times$ 10000^m ou 700000 kilogrammètres.

Un manœuvre élève un poids de 60^{kg} à une hauteur de 8^m, son travail est 60^{kg} $\times$ 8^m ou 480 kilogrammètres.

Si la force est de 3^{kg},5 et le chemin de 0^m,4, le travail sera 3^{kg},5 $\times$ 0^m,4 ou 1^{kgm},4. Et ainsi de suite.

Le travail élémentaire d'une force, comme son travail total, est toujours un nombre entier ou fractionnaire de kilogrammètres.

Dans l'application des méthodes exposées aux nos 81 à 86, il ne faut pas perdre de vue que les abscisses, représentant des chemins parcourus, sont rapportées au mètre; mais que les ordonnées, représentant des forces ou des projections de forces, soit rapportées au kilogramme à l'aide d'une échelle convenue quelconque; et que l'aire de la courbe, qui représente le travail total de la force variable, est exprimée en kilogrammètres.

EXEMPLE. *Un cheval, traînant une voiture, a parcouru 60ᵐ, de telle manière qu'aux distances*

$$0, \quad 10^m, \quad 20^m, \quad 30^m, \quad 40^m, \quad 50^m, \quad 60^m,$$

la valeur de son effort a été de :

$$80^{kg}, \quad 65^{kg}, \quad 68^{kg}, \quad 72^{kg}, \quad 64^{kg}, \quad 60^{kg}, \quad 66^{kg};$$

on demande quels ont été son travail total et son effort moyen.

La formule de Simpson donne pour la valeur du travail total :

$$\tfrac{1}{3}10^m[(80^{kg}+66^{kg})+4(65^{kg}+72^{kg}+60^{kg})+2(68^{kg}+64^{kg})],$$

ou $\quad 10^m \times 399^{kg},333 \quad$ ou $\quad 3993^{kgm},33.$

L'effort moyen est le quotient de ce travail par le chemin total 60ᵐ, il est donc égal à 66ᵏᵍ,55....

89. Lorsqu'il s'agit du travail continu des machines, on fait usage d'une autre unité de travail dans laquelle entre la considération du temps; c'est celle qu'on nomme le *cheval-vapeur.* Cette unité représente un travail de 75 kilogrammètres par seconde.

Voici l'origine de cette dénomination. Les premières expériences sur le travail du cheval ont été faites dans les mines du Cornouailles. Or, le travail d'épuisement auquel les chevaux y étaient employés, demandant presque toujours une grande activité, on exigeait effectivement de ces animaux, pendant une journée de 4 heures seulement, un travail d'environ 75 kilogrammètres par seconde. C'est ce nombre, ou du moins son équivalent en mesures anglaises, que Watt a pris pour mesure de ce qu'il appelait la *force d'un cheval* (horse power), unité employée par lui, et par tout le monde à son exemple, pour évaluer le travail continu des machines.

Mais, lorsqu'on dit qu'une machine à vapeur, par exemple, est de la *force* de 10 chevaux, il faut bien se garder de croire que le travail continu de cette machine puisse être remplacé par celui de 10 chevaux; en commettant une pareille erreur, on s'exposerait à de graves mécomptes.

Pour trouver exactement le nombre de chevaux effectifs capables de remplacer le *cheval-vapeur*, il faut multiplier d'abord 75 kilogrammètres, travail du cheval-vapeur en une seconde, par 86400, nombre de secondes contenues dans 24 heures, ce qui donne 6480000 kilogrammètres pour le travail journalier d'un cheval-vapeur. Or, le cheval effectif, dans les conditions les plus favorables, ne peut fournir un travail journalier de plus de 1166400 kilogrammètres, si l'on veut qu'il en puisse fournir autant chaque jour. En divisant le travail journalier du cheval-vapeur par le travail journalier du cheval effectif, on trouve pour quotient 5,5 ; c'est-à-dire que le travail continu d'un cheval-vapeur représente le travail de 5,5 chevaux effectifs, et que, par conséquent, il faudrait 55 chevaux effectifs pour faire, d'une manière continue, le même travail qu'une machine à vapeur de la *force* de 10 chevaux.

REMARQUE. Dans le langage de l'industrie, on emploie souvent le mot *force* dans le sens de *travail* ; c'est dans ce sens que nous l'avons employé dans l'alinéa précédent ; nous avons eu soin de le souligner.

§ V. Le travail élémentaire de la résultante de deux forces est égal à la somme algébrique des travaux élémentaires des deux composantes. — Extension de ce théorème au cas d'un nombre quelconque de composantes. — Extension du même théorème au travail continu des forces.

90. THÉORÈME. *Le travail élémentaire de la résultante de deux forces est égal à la somme algébrique des travaux élémentaires des deux composantes.*

1° Soient F et F' (fig. 35) deux forces appliquées à un même point matériel A ; soit R leur résultante ; soient AB, AC les longueurs qui représentent les composantes F et F', et AD la diagonale du parallélogramme ABDC représentant la résultante R. Enfin, soit AX la direction de l'élément de chemin décrit par le point A.

Des points B, C, D abaissons sur cette direction des plans perpendiculaires qui la rencontreront en des points B', C', D' ; et joignons BB', CC', DD', qui seront des perpendiculaires à AX (mais qui ne seront pas en général parallèles entre elles). Les longueurs AB', AC', AD' seront les projections de AB, AC, AD, et B'D' sera la projection de BD. Or, les côtés AC et BD du parallélogramme étant égaux, leurs projections AC′ et B′D′ seront égales. Cela posé, on aura

$$AD' = AB' + B'D' = AB' + AC'.$$

Soit ε le chemin infiniment petit que décrit le point A dans la direction AX, pendant un temps lui-même infiniment petit; et multiplions les deux membres de l'égalité ci-dessus par ε; nous aurons

$$AD'.\varepsilon = AB'.\varepsilon + AC'.\varepsilon.$$

Or, en désignant par la caractéristique σ les travaux élémentaires des forces, on a, d'après ce qui a été établi au n° **75**,

$$AD'.\varepsilon = \sigma R ; \quad AB'.\varepsilon = \sigma F ; \quad AC'.\varepsilon = \sigma F'.$$

On pourra donc écrire

$$\sigma R = \sigma F + \sigma F',$$

ce qu'il s'agissait de démontrer.

2° Les projections de AB et de AC, au lieu d'être de même sens, comme dans la fig. 35, pourraient être de sens opposé, comme dans la fig. 36. Dans ce cas, on aurait

$$AD' = AB' - B'D' = AB' - AC'.$$

d'où
$$AD'.\varepsilon = AB'.\varepsilon - AC'.\varepsilon.$$

Mais alors on a (**76**)

$$\sigma R = AD'.\varepsilon ; \quad \sigma F = AB'.\varepsilon ; \quad \sigma F' = - AC'.\varepsilon,$$

donc encore
$$\sigma R = \sigma F + \sigma F',$$

en attachant au signe $+$ le sens d'une addition algébrique.

3° Si le chemin élémentaire ε était de sens contraire à la projection de la résultante, ce cas ne différerait de l'un des deux précédents qu'en ce que tous les travaux élémentaires auraient changé de signe; la relation entre ces travaux subsisterait donc encore.

Donc enfin le théorème est général.

91. Le même théorème s'étend facilement à un nombre quelconque de composantes F, F′, F″, F‴ ... $F^{(n-1)}$, $F^{(n)}$.

Car si l'on nomme r la résultante de F   et F′,

$$r' \qquad\qquad r \quad \text{et } F''$$
$$r'' \qquad\qquad r' \quad \text{et } F'''$$

. . . .

$$r^{(n-2)} \qquad\qquad r^{(n-3)} \text{ et } F^{(n-1)},$$

enfin   R $r^{(n-2)}$ et $F^{(n)}$,

laquelle résultante R sera la résultante totale (68), on aura successivement, en vertu du théorème que nous venons de démontrer

$$\mathfrak{E}r \quad = \mathfrak{E}F \quad + \mathfrak{E}F'$$
$$\mathfrak{E}r' \quad = \mathfrak{E}r \quad + \mathfrak{E}F''$$
$$\mathfrak{E}r'' \quad = \mathfrak{E}r' \quad + \mathfrak{E}F'''$$

. . . .

$$\mathfrak{E}r^{(n-2)} = \mathfrak{E}r^{(n-3)} + \mathfrak{E}F^{(n-1)}$$
$$\mathfrak{E}R \quad = \mathfrak{E}r^{(n-2)} + \mathfrak{E}F^{(n)}.$$

Ajoutant ces égalités membre à membre, et supprimant les termes $\mathfrak{E}r$, $\mathfrak{E}r'$, $\mathfrak{E}r''$, … $\mathfrak{E}r^{(n-2)}$, qui deviennent communs aux deux membres, il vient :

$$\mathfrak{E}R = \mathfrak{E}F + \mathfrak{E}F' + \mathfrak{E}F'' + \mathfrak{E}F''' \ldots\ldots + \mathfrak{E}F^{(n)},$$

relation qu'il s'agissait d'établir, et dans laquelle les signes $+$ indiquent des additions algébriques.

Cette relation peut s'écrire :

$$[1] \qquad\qquad\qquad R = \Sigma \mathfrak{E}F$$

en désignant par le signe Σ (somme), placé devant $\mathfrak{E}F$, la somme de tous les termes analogues à $\mathfrak{E}F$.

92. Dans ce qui précède, il ne s'agit que de travaux élémentaires. Mais, puisque la relation [1] a lieu pour les éléments de travail simultanés de la résultante et de ses composantes, qui se rapportent à un élément de chemin quelconque ε décrit par le point d'application de ces forces, pareille relation aura lieu entre la somme des travaux élémentaires de la résultante et la somme des travaux élémentaires de chacune de ses composantes, c'est-à-dire que la relation [1] s'applique au travail total des forces.

Nous arrivons donc à ce théorème remarquable :

Si un point matériel, décrivant une courbe quelconque, est sou-

*mis à des forces variables dont la résultante sera elle-même géné-
ralement variable; et qu'on calcule le travail total de ces différentes
forces, le travail total de la résultante sera égal à la somme algébrique des travaux de toutes les composantes.*

Ce théorème est un des théorèmes fondamentaux de la Mécanique, et il est d'une application continuelle dans l'étude des
machines.

§ VI. Quand trois forces se font constamment équilibre, la somme algébrique
de leurs travaux est nulle. — Extension de ce théorème à l'équilibre d'un
nombre quelconque de forces appliquées à un point.

93. Remarquons d'abord que si deux forces appliquées à
un même point sont constamment égales et opposées, leurs
travaux élémentaires sont constamment égaux et de signe
contraire; par conséquent il en est de même de leur travail
total.

Cela posé, le théorème énoncé en tête de ce paragraphe n'est
qu'un corollaire de celui du n° **90.**

Soient trois forces F, F', F″ qui se font équilibre; et soit R la
résultante de F et de F'; nous aurons, en vertu du théorème
cité :

$$\tau F + \tau F' = \tau R,$$

et cette relation sera applicable au travail total des forces F, F'
et R, comme on l'a vu au n° **92.**

Or, puisque les trois forces F, F' et F″ se font équilibre, il
faut que F″ soit égal et opposé à R; car autrement F″ et R se
composeraient en une force unique différente de zéro, et il n'y
aurait point équilibre.

Mais si F″ et R sont des forces égales et opposées, on a, en
vertu de la remarque faite en commençant

$$\tau R = -\tau F''.$$

En substituant dans la relation ci-dessus, il vient donc :

$$\tau F + \tau F' = -\tau F''$$

ou $$\tau F + \tau F' + \tau F'' = 0,$$

ce qu'il s'agissait de démontrer.

94. La démonstration sera exactement la même pour un

nombre quelconque de forces F, F', F''.... $F^{(n-1)}$, $F^{(n)}$ appliquées à un même point et se faisant mutuellement équilibre.

Soit R la résultante des forces F, F', F''.... $F^{(n-1)}$, on aura, en vertu de la relation établie aux n^{os} **91** et **92**,

$$\mathfrak{E}F + \mathfrak{E}F' + \mathfrak{E}F''.... + \mathfrak{E}F^{(n-1)} = \mathfrak{E}R.$$

Mais puisque les forces proposées se font équilibre, il faut que $F^{(n)}$ soit égale et opposée à R ; car autrement ces deux forces donneraient une résultante différente de zéro, et il n'y aurait pas équilibre. Or, si $F^{(n)}$ et R sont égales et opposées, leurs travaux sont égaux et de signe contraire ; on a donc

$$\mathfrak{E}R = - \mathfrak{E}F^{(n)}$$

et, en substituant dans la relation ci-dessus, il vient :

$$\mathfrak{E}F + \mathfrak{E}F' + \mathfrak{E}F''... + \mathfrak{E}F^{(n-1)} = - \mathfrak{E}F^{(n)}$$

ou $$\mathfrak{E}F + \mathfrak{E}F' + \mathfrak{E}F''... + \mathfrak{E}F^{(n-1)} + \mathfrak{E}F^{(n)} = 0$$

ce qu'on peut écrire, d'une manière abrégée,

$$\Sigma\mathfrak{E}F = 0.$$

Ainsi, *quand un système de forces variables appliquées à un même point matériel, se font constamment équilibre, la somme totale de leurs travaux est constamment nulle.*

Ce théorème sert de base à l'étude de l'équilibre des machines.

CHAPITRE IV.

FORCES APPLIQUÉES A UN CORPS SOLIDE.

§ I. On peut transporter le point d'application d'une force à un point quelconque de sa direction, pourvu que le second point soit supposé lié invariablement au premier. — Vérification de ce principe au moyen du dynamomètre appliqué aux extrémités d'une corde ou d'une verge soutenant verticalement un poids. — Le travail de la force ainsi transportée est aussi le même pour tout déplacement élémentaire de la droite d'application.

Composition et équilibre des forces concourantes.

95. L'étude attentive des phénomènes physiques a conduit à admettre que les corps sont composés de points matériels, ou de molécules, séparées les unes des autres par des intervalles considérables par rapport aux dimensions des molécules elles-mêmes, bien qu'ils soient inappréciables à nos yeux aidés des meilleurs instruments d'optique.

Ces molécules sont constamment soumises à deux systèmes de forces auxquelles on donne le nom de *forces moléculaires*. Les unes, *attractives*, c'est-à-dire tendant à rapprocher les molécules les unes des autres, constituent ce que l'on nomme la *cohésion*. Les autres, *répulsives*, c'est-à-dire tendant à écarter les molécules les unes des autres, sont dues à ce que nous nommons la *chaleur*. Ces forces sont variables avec la distance des molécules; elles croissent quand les molécules se rapprochent; et décroissent au contraire quand elles s'écartent.

De plus, ces forces moléculaires sont *mutuelles*, c'est-à-dire, que si une molécule m exerce une certaine *action* sur une molécule m', à son tour la molécule m' exerce une *réaction* égale et contraire sur la molécule m. Cette égalité entre l'action et la réaction est un des principes les plus généraux de la nature.

96. Dans les corps *solides*, il y a équilibre naturel entre les forces moléculaires. De plus, cet équilibre est *stable*; c'est-à-dire que si les molécules sont dérangées, par une cause quelconque, de leur position naturelle, elles tendent à y revenir dès que cette cause à cessé d'agir. Cela paraît tenir à ce que les forces répulsives varient plus rapidement que les attractives ; il en résulte que lorsque les molécules se rapprochent la répulsion l'emporte aussitôt sur l'attraction; tandis que lorsqu'elles s'écartent, l'attraction l'emporte sur la répulsion ; et, dans les deux cas, les molécules tendent à reprendre leur position primitive.

Mais cette tendance des molécules à revenir à leur position naturelle n'est pas indéfinie; elle cesse quand le déplacement a atteint une certaine limite, au delà de laquelle il s'établit un nouvel état d'équilibre, ou bien l'équilibre devient impossible et il y a rupture du corps. C'est ainsi qu'un fil métallique, allongé par un effort de traction longitudinale, tend à reprendre sa longueur primitive, et la reprend en effet dès que l'effort cesse, si l'allongement n'a pas été trop considérable. Mais si cet allongement atteint une certaine limite, qui varie pour chaque espèce de métal, le fil persiste dans son état d'allongement, et ne tend plus à revenir à sa longueur primitive; c'est-à-dire qu'il s'est formé un nouvel état d'équilibre. Il peut y avoir ainsi une série de positions d'équilibre successives. Mais, si l'allongement continue sous un nouvel effort de traction, l'équilibre finit par devenir impossible ; et l'expérience se termine par la rupture du fil.

Tous les corps de la nature présentent des phénomènes analogues, et qui sont plus ou moins sensibles. Il n'y a donc point de corps *solides* dans le sens rigoureux et absolu de ce mot. La solidité est une qualité relative à l'intensité des forces qu'on fait agir sur les corps ; et c'est ce qu'il ne faut jamais perdre de vue quand on applique aux corps de la nature les principes de Mécanique fondés sur des considérations abstraites.

97. On donne le nom de *forces extérieures* aux forces autres que les forces moléculaires qui peuvent agir sur les corps : ainsi la pesanteur, les pressions exercées sur un corps par un autre corps, etc., sont des forces extérieures.

Lorsqu'une force extérieure est appliquée à un point matériel

faisant partie d'un corps solide, son effet immédiat est de dépla-
cer ce point matériel. Mais ce déplacement développe, de la part
des molécules voisines, des forces qui tendent à ramener à sa
position primitive le point matériel déplacé; et, par conséquent,
de la part de celui-ci, des réactions égales et contraires. En
vertu de ces réactions, les molécules voisines sont elles-mêmes
déplacées; les suivantes le sont à leur tour; et ainsi de suite.
C'est ainsi que l'action de la force extérieure peut se propager
dans l'intérieur du corps jusqu'au point même le plus éloigné
de celui où elle est immédiatement appliquée.

Mais cette propagation, quoique excessivement rapide, n'est
cependant pas absolument instantanée.

98. Lorsque deux forces égales, de même direction, mais de
sens contraire, sont appliquées en deux points d'un même corps
solide, on admet ordinairement que ces deux forces, se faisant
équilibre, peuvent être en conséquence supprimées ou intro-
duites à volonté, sans altérer l'équilibre du corps que l'on considère. Ce principe n'a lieu cependant que sous certaines conditions.

Chacune des deux forces en question fait naître dans l'intérieur du corps une série d'actions et de réactions moléculaires :
et c'est entre ces forces moléculaires et les deux forces extérieures proposées que l'équilibre finit par s'établir. Mais il y a eu
des déplacements de molécules, des déformations, qu'il n'est
pas toujours permis de négliger, puisqu'elles pourraieut aller
jusqu'à la rupture même du corps.

Ce n'est donc que dans le cas où ces déformations sont négligeables, c'est-à-dire où le corps considéré est sensiblement
incompressible et inextensible, eu égard du moins à l'intensité des forces qu'on y applique, qu'il est permis d'introduire ou
de supprimer ainsi des forces égales et opposées appliquées en
des points différents de ce corps.

99. Ces restrictions établies, on démontre aisément la proposition suivante :

Théorème. *Une force appliquée à un corps solide peut être transportée, parallèlement à elle-même en un point quelconque du
corps sur sa direction* (ou même en un point situé sur cette direc-

tion hors du corps, pourvu que le second point soit lié *invaria-blement* au premier).

Soit, en effet, F (fig. 37) une force appliquée en un point A d'un corps solide; et soit B un point quelconque pris, dans le corps, sur la direction de la force F.

Appliquons au point B deux forces F' et F'', égales et opposées, de même direction et de même intensité que la force F, ce qui est permis sans restriction, et n'apportera aucun changement à l'état du corps. Supprimons ensuite les forces F et F''; égales et opposées, ce qui sera permis si l'on néglige la déformation que ces forces pourraient faire subir au corps, et qui, dans les cas ordinaires, est insensible. Il ne restera que la force F', égale à F, de même direction et de même sens ; en sorte que la force F pourra être considérée comme transportée au point B, sans que l'état du corps ait changé.

Si le point B était situé hors du corps, mais invariablement lié à lui, la démonstration subsisterait encore. Seulement, il est clair que le transport de la force F en ce point est alors pure-ment fictif ; c'est une conception de l'esprit, qui peut être em-ployée comme moyen de démonstration, mais à laquelle il ne faut attribuer aucune réalité.

100. Le théorème qu'on vient de démontrer peut être vérifié par l'expérience.

Soit AB (fig. 38) une corde ou une tige rigide, interrompue en un point C par deux crochets. Si l'on fixe le point B, et qu'on suspende un poids P au point A, par l'intermédiaire d'un dynamomètre, l'écart de cet instrument, s'il est bien gra-dué, indiquera le nombre de kilogrammes contenus dans P. Si maintenant on répète l'expérience en appliquant le poids P di-rectement en A, et en interposant le dynamomètre entre les deux parties AC' et CB de la corde ou de la tige, on verra que l'instrument indique sensiblement le même nombre de kilo-grammes. Cette expérience montre que l'effet du poids P est le même, soit qu'on l'applique en A, soit qu'on l'applique en C, par l'intermédiaire de la portion AC de la corde ou de la tige.

Nous disons que le poids accusé est *sensiblement* le même dans les deux cas, attendu la petite différence que pourrait occasionner le poids de la portion AC de corde ou de tige qui s'ajoute au poids P dans la seconde expérience.

101. LEMME. *Si le point d'application d'une force est animé de deux vitesses simultanées, le travail élémentaire de cette force dans le mouvement résultant est la somme algébrique des travaux élémentaires de cette même force dans les deux mouvements composants.*

Soit F (fig. 39) la force donnée ; soient AB et AC les chemins élémentaires décrits dans les deux mouvements composants, et AD, diagonale du parallélogramme construit sur AB et AC, le chemin élémentaire décrit dans le mouvement résultant. Projetons les points B, C, D sur la direction de la force F, et soient B', C', D' leurs projections. On aura, commé au n° **90**,

[1re fig.] $\qquad AD' = AB' + B'D' = AB' + AC',$

d'où $\qquad F.AD' = F.AB' + F.AC'.$

[2e fig.] $\qquad AD' = AB' - B'D' = AB' - AC',$

d'où $\qquad F.AD' = F.AB' - F.AC'.$

Mais si $\mathfrak{S}$, $\mathfrak{S}'$ et $\mathfrak{S}''$ désignent les travaux élémentaires de la force dans le mouvement résultant et dans les deux mouvements composants, on aura

[1re fig.] $\qquad F.AD' = \mathfrak{S}, \quad F.AB' = \mathfrak{S}', \quad F.AC' = \mathfrak{S}'',$

[2e fig.] $\qquad\qquad\qquad\qquad\qquad -F.AC' = \mathfrak{S}''.$

Donc, dans les deux cas,

$$\mathfrak{S} = \mathfrak{S}' + \mathfrak{S}'',$$

le signe $+$ indiquant une somme algébrique. Cette égalité revient à l'énoncé du lemme.

REMARQUE. On pourrait, comme aux n^{os} **91** et **92**, étendre la proposition à un nombre quelconque de mouvements simultanés, et au travail *total* de la force F dans ces mouvements simultanés.

102. THÉORÈME. *Lorsqu'on transporte une force parallèlement à elle-même en un point quelconque de sa direction, son travail élémentaire reste le même, pour un déplacement très-petit quelconque de la droite qui joint les deux points d'application.*

Concevons, par exemple, qu'une force F (fig. 40) étant appliquée en un point A d'un corps, on la transporte en un point B pris sur sa direction ; et soit F′ la force ainsi transportée. Si, par l'effet du mouvement du corps, la droite AB se déplace infiniment peu pour prendre une nouvelle position A′B″ (qui peut ne pas être située dans un même plan avec la première), le travail de F pour le déplacement AA′ sera égal au travail de F′ pour le déplacement BB″.

En effet, menons A′B′ égal et parallèle à AB ; et joignons B′B″ par un petit arc de cercle décrit du point A′ comme centre. On pourra imaginer que, pour passer de la position AB à la position A′B″, la droite a été animée de deux mouvements simultanés : l'un, par lequel elle s'est transportée parallèlement à elle-même en A′B′ ; l'autre, par lequel elle a tourné autour de A′, pour venir de A′B′ en A′B″. Le point B aura eu ainsi deux mouvements simultanés : l'un suivant la droite BB′, égale et parallèle à AA′ ; l'autre suivant l'arc de cercle B′B″, qui se confond sensiblement avec sa tangente en B′.

Le travail élémentaire de F′ pour le déplacement BB″ est donc égal, en vertu du lemme qui précède, au travail élémentaire pour le déplacement BB′, plus au travail élémentaire pour le déplacement B′B″. Or, le travail élémentaire de F′ pour le déplacement BB′, est égal au travail élémentaire de F pour le déplacement AA′ ; car ces forces sont égales et parallèles, ainsi que les chemins élémentaires décrits. Quant au travail élémentaire de F′ pour le déplacement B′B″, il est nul ; car l'arc B′B″ pouvant être regardé comme une perpendiculaire à A′B′ ou à AB, le chemin décrit est perpendiculaire à la force (**77**).

Donc le travail élémentaire de F′ est égal au travail élémentaire de F, ce qu'il s'agissait de démontrer.

Remarques. 1. La proposition étant établie pour un déplacement très-petit de la droite AB, s'appliquerait de même à un second déplacement très-petit ; et ainsi de suite. Elle subsiste par conséquent pour un mouvement fini quelconque.

II. Cette proposition complète celle du n° **99**, et montre qu'il est parfaitement légitime de transporter une force en un point quelconque de sa direction, pourvu que le second point d'application soit lié invariablement au premier.

103. Soient maintenant à composer deux forces concourantes F et F′ (fig. 41) appliquées en A et en B à un même

corps solide; et supposons d'abord que le point de concours C
des deux forces soit un point du corps. On pourra transporter
les forces données au point C, parallèlement à elles-mêmes.
Elles s'y composeront, par la règle du parallélogramme, en une
force unique R, que l'on pourra ensuite transporter parallèlement à elle-même en un point quelconque D de sa direction.
La force R sera la résultante des forces proposées.

Il y aura entre les trois forces F, F' et R, appliquées en des
points différents du corps, les mêmes relations (63) que si elles
étaient appliquées au même point C, et en particulier la relation
démontrée au n° **90**

$$\mathfrak{E}R = \mathfrak{E}F + \mathfrak{E}F',$$

puisque le travail d'une force ne change pas quand on la transporte parallèlement à elle-même en un point quelconque de sa
direction (**102**).

Si le point de concours C était situé hors du corps, on pourrait imaginer qu'il est lié invariablement avec lui; on pourrait
alors y transporter les forces F et F' comme ci-dessus, et obtenir de la même manière la résultante R, qui satisferait également aux relations établies aux n°ˢ **63** et **90**.

Remarques. I. Dans le cas où le point de concours des deux
forces données est situé hors du corps, il peut arriver que la
direction de la résultante ne rencontre point ce corps. Cette résultante est alors purement fictive : il n'existe point de force
unique capable de tenir lieu à elle seule des deux forces simultanées dont il s'agit. Mais la considération de cette résultante
fictive peut être utile, comme moyen de démonstration, ou
pour simplifier les énoncés.

On ne trouverait, par exemple, qu'une résultante fictive si
l'on avait deux forces égales, appliquées symétriquement à un
anneau solide, de manière à rencontrer au même point l'axe
de révolution de l'anneau, et à faire des angles égaux avec cet
axe, de part et d'autre et dans un même plan; car la résultante
serait alors dirigée suivant l'axe, et ne pourrait par conséquent
pas rencontrer l'anneau.

II. On peut, d'une infinité de manières, décomposer une
force R appliquée à un corps solide, en deux autres forces appliquées en deux points déterminés A et B de ce même corps,

situés dans un même plan avec la direction de la force R. Il
suffit, pour cela, de prendre dans le corps (ou même hors du
corps), sur la direction de la force R, un point quelconque C, d'y
transporter la force R, de la décomposer suivant les directions
CA et CB (**62**); et de transporter ensuite les composantes respectivement en A et en B.

104. Si l'on a un nombre quelconque de forces concourantes
F, F', F'', F''', etc., appliquées à un même corps solide, en des
points différents de ce corps; on composera d'abord les deux
premières F et F', comme on vient de le voir; on composera ensuite leur résultante avec F''; puis la nouvelle résultante avec
F''', et ainsi de suite, jusqu'à ce que toutes les forces soient
réduites à une seule R, qui sera la résultante.

Il y aura entre cette résultante et ses composantes les mêmes
relations que si elles étaient toutes appliquées en un même
point, et en particulier la relation établie au n° **91**

$$\mathfrak{E}R = \Sigma \mathfrak{E}F.$$

REMARQUES. 1. Il pourrait arriver que la résultante ne rencon-
trât pas le corps; dans ce cas, cette résultante pourrait encore
être utile à considérer comme moyen de démonstration ou pour
simplifier les énoncés; mais elle serait purement fictive; il
n'existerait réellement aucune force unique capable de tenir
lieu des forces proposées.

C'est ce qui arriverait, par exemple, pour un système de
forces appliquées à un anneau solide, si elles donnaient une
résultante dirigée suivant l'axe.

II. On peut toujours, et d'une infinité de manières, décomposer une force donnée, appliquée à un corps solide, en trois
autres forces appliquées respectivement en trois points déterminés de ce corps. Il suffit, pour cela, de prendre un point
quelconque (soit dans le corps, soit au dehors) sur la direction
de la force donnée; d'y transporter cette force; de joindre ce
nouveau point d'application aux trois points donnés; de décomposer la force, par la règle du parallélépipède (**65**) suivant les
trois directions ainsi obtenues; et de transporter ensuite les
composantes aux trois points donnés.

105. Les forces concourantes pouvant être transportées au point de concours, il en résulte que les conditions d'équilibre d'un pareil système sont les mêmes que celles d'un système de forces appliquées à un même point. C'est-à-dire qu'il faut que l'une quelconque de ces forces soit égale et opposée à la résultante de toutes les autres; ou que, si l'on transporte les forces bout à bout dans leur direction propre, la ligne brisée ainsi obtenue soit d'elle-même fermée (**71**).

Et si l'on nomme F l'une quelconque de ces forces, et α, β, γ les angles qu'elle fait avec trois axes rectangulaires, on devra avoir, comme au n° **71**

$$\Sigma F \cos \alpha = 0; \quad \Sigma F \cos \beta = 0; \quad \Sigma F \cos \gamma = 0.$$

On aura aussi, comme au n° **94**

$$\Sigma \varpi F = 0.$$

REMARQUE. Nous montrerons plus loin que la dernière condition renferme les trois autres, pourvu qu'on entende qu'elle a lieu pour un mouvement quelconque du corps auquel les forces sont appliquées.

§ II. Composition et équilibre des forces parallèles.—Théorème des moments par rapport à un plan. — Centre des forces parallèles.

106. La composition de deux forces parallèles appliquées à un corps solide peut d'abord se déduire de celle de deux forces concourantes.

Soient, en effet, F et F' (fig. **42**) deux forces appliquées en A et en B à un corps solide, et qui concourent en un point C. Soient Ca et Cb les droites qui représentent ces forces supposées transportées au point C. La diagonale Cd du parallélogramme $Cadb$ représentera la résultante R, que l'on peut supposer appliquée en un point quelconque D, pris sur la direction de cette diagonale. Des points D et d abaissons sur les directions CA et CB les perpendiculaires DP, DP', dp, dp'.

Les triangles semblables apd, $bp'd$ donneront la proportion :

$$pd : p'd :: ad : bd \text{ ou } :: F' : F;$$

et, comme on a aussi, par des similitudes évidentes

$$pd : p'd :: PD : P'D$$

il en résulte la proportion

[1] $$PD : P'D :: F' : F$$

c'est-à-dire que *les distances d'un point quelconque, pris sur la direction de la résultante, aux directions des composantes, sont en raison inverse de ces composantes.* (Il serait facile de faire voir que cela n'est vrai que si le point D est pris sur la direction de la résultante.)

Or, cette proposition aura lieu, quelque petit que soit l'angle formé par les deux composantes.

Cela posé, concevons que la force F', et le point B auquel elle est appliquée, tournent autour du point D, en restant toujours à la même distance $P'D$ de ce point, jusqu'à ce que $P'D$ soit venu se placer dans le prolongement de PD; les deux forces F et F' seront devenues parallèles et de même sens. En même temps, le point C s'éloignant à une distance infinie, CD sera devenu parallèle à CA et à CB; et la ligne brisée C*ad* sera venue se confondre avec la droite C*d*. On aura donc

$$Cd = Ca + ad = Ca + Cb \quad \text{ou} \quad R = F + F'$$

et la proportion [1] subsistera toujours.

Par conséquent : *la résultante de deux forces parallèles et de même sens, leur est parallèle, de même sens que chacune d'elles, égale à leur somme, située entre elles et dans le même plan ; et ses distances aux deux composantes sont en raison inverse de ces composantes.*

Si au lieu de considérer la fig. 42, on considère la fig. 43, on verra de même qu'on a encore :

[2] $$PD : P'D :: F' : F$$

et, en faisant tourner BC autour du point D de manière que la distance $P'D$ reste la même, jusqu'à ce que $P'D$ vienne prendre la direction PD, on amènera les deux forces F et F' à être parallèles et de sens contraire. Le point C s'éloignant à l'infini, CD sera devenu parallèle à CA et à CB; la ligne brisée C*da* sera venue se confondre avec la droite C*a*. On aura donc :

$$Ca = Cd + da \quad \text{d'où} \quad Cd = Ca - da = Ca - Cb,$$

ou $$R = F - F',$$

et la proportion [2] subsistera toujours.

Par conséquent : *la résultante de deux forces parallèles et de sens contraire leur est parallèle, égale à leur différence, de même sens que la plus grande, située au delà de la plus grande, par rapport à la plus petite et dans le même plan, et ses distances aux deux composantes sont en raison inverse de ces composantes.*

107. On peut aussi établir cette règle directement. Soient F et F' (fig. 44) deux forces parallèles et de même sens appliquées en A et B à un corps solide.

L'état du système ne sera pas changé, sauf les restrictions dont il a été parlé au n° **98**, si l'on applique en A et en B deux forces P et P' égales et contraires, agissant suivant la ligne AB. En composant d'une part les forces F et P, de l'autre les forces F' et P', on obtiendra deux résultantes S et S', qui seront concourantes, et que l'on pourra transporter à leur point de concours C. Puis, on pourra les remplacer par leurs composantes, ce qui donnera en C deux forces p et f respectivement égales à P et F, et deux forces p' et f' respectivement égales à P' et à F'. Les deux forces p et p' égales et opposées pourront être supprimées sans changer l'état du système. Il ne restera donc plus que les forces f et f', qui étant parallèles à F et F', auront la même direction et le même sens, et se composeront par conséquent en une seule force R, parallèle à F et à F', de même sens qu'elles, égale à leur somme, et que l'on pourra transporter en un point quelconque de sa direction, par exemple au point D où cette direction coupe la droite AB.

Donc 1° *deux forces parallèles et de même sens, appliquées à un corps solide, ont une résultante parallèle et de même sens, située entre elles et dans le même plan, et égale à leur somme.*

Maintenant, les triangles semblables SAF et ACD donnent la proportion

$$\text{SF} : \text{AF} :: \text{AD} : \text{CD} \quad \text{ou} \quad \text{P} : \text{F} :: \text{AD} : \text{CD}.$$

Les triangles semblables S'BF' et BCD donnent de même

$$\text{S'F'} : \text{BF'} :: \text{BD} : \text{CD} \quad \text{ou} \quad \text{P'} : \text{F'} :: \text{BD} : \text{CD};$$

ces deux proportions ont les mêmes extrêmes; on peut donc former avec les moyens la proportion

$$\text{AD} : \text{BD} :: \text{F'} : \text{F}.$$

D'ailleurs les longueurs AD et BD sont entre elles comme les distances de la résultante R aux deux composantes F et F′.

Donc 2° *les distances de la résultante aux deux composantes sont en raison inverse de ces composantes.*

En appliquant la même démonstration au cas de deux forces parallèles et de sens opposé (fig. 45), on arriverait de même à cette conclusion :

Deux forces parallèles et de sens opposé, appliquées à un corps solide, ont une résultante qui leur est parallèle, égale à leur diffé-rence, de même sens que la plus grande, située au delà de la plus grande (par rapport à la plus petite) et dans le même plan, et dont les distances aux deux composantes sont en raison inverse de ces composantes.

C'est le théorème démontré au numéro précédent.

108. Théorème. *Le travail de la résultante de deux forces pa-rallèles, appliquées à un corps solide, est égal à la somme algé-brique des travaux des deux composantes.*

En effet, si l'on se reporte à la figure 44, on aura

$$\mathfrak{E}F + \mathfrak{E}F' = \mathfrak{E}F + \mathfrak{E}F' + \mathfrak{E}P + \mathfrak{E}P',$$

attendu que P et P′ étant égales et opposées, leurs travaux sont égaux et de signe contraire. Or (**90**),

$$\mathfrak{E}F + \mathfrak{E}P = \mathfrak{E}S \quad \text{et} \quad \mathfrak{E}F' + \mathfrak{E}P' = \mathfrak{E}S'$$

et, comme les travaux de S et de S′ ne changent pas quand on transporte ces forces au point C (**102**),

$$\mathfrak{E}S = \mathfrak{E}f + \mathfrak{E}p \quad \text{et} \quad \mathfrak{E}S' = \mathfrak{E}f' + \mathfrak{E}p'.$$

Donc $\qquad \mathfrak{E}F + \mathfrak{E}F' = \mathfrak{E}f + \mathfrak{E}p + \mathfrak{E}f' + \mathfrak{E}p' = \mathfrak{E}f + \mathfrak{E}f',$

puisque p et p' sont égales et opposées.

Mais $\qquad \mathfrak{E}R = \mathfrak{E}f + \mathfrak{E}f',$

donc enfin $\qquad \mathfrak{E}R = \mathfrak{E}F + \mathfrak{E}F',$

ce qu'il s'agissait de démontrer.

Le cas de la figure 45 conduirait au même résultat, sauf le signe implicite de $\mathfrak{E}F'$ et de $\mathfrak{E}f'$.

109. Remarques. I. Il peut arriver que la résultante de deux forces parallèles ne rencontre pàs le corps auquel ces forces sont appliquées. Dans ce cas, cette résultante est purement fictive.

II. De la proportion $F : F' :: BD : AD$ (fig. 44), on tire

$$F + F' : F' :: BD + AD : AD \quad \text{d'où} \quad AD = AB.\frac{F'}{R}.$$

De la proportion $F : F' :: BD : AD$ (fig. 45) on tire de même :

$$F - F' : F' :: BD - AD : AD \quad \text{d'où} \quad AD = AB.\frac{F'}{R},$$

ce qui détermine la position de la résultante.

III. Dans le cas de deux forces parallèles et de sens contraire, il peut arriver que ces forces soient égales. On a alors $R = F - F' = 0$, et, par suite,

$$AD = AB.\frac{F'}{0} = \infty.$$

Ainsi la résultante est nulle et située à une distance infinie; ce qui veut dire qu'il n'y a point de résultante. Il n'existe donc pas de force unique qui puisse tenir lieu de deux forces parallèles, égales et de sens contraire.

110. On a souvent besoin de décomposer une force donnée, appliquée à un corps solide, en deux forces parallèles passant par des points donnés de ce corps (et situés dans un même plan avec la direction de la force donnée).

Si la force donnée est située entre les deux points donnés, c'est le cas de la fig. 44, dans laquelle on donne les points A, B, D et la force R. Pour déterminer F et F', on aura :

$$F : F' :: BD : AD \quad \text{d'où} \quad F : F + F' :: BD : BD + AD, \quad \text{et} \quad F = R.\frac{BD}{AB},$$

ou bien $F' : F + F' :: AD : BD + AD$ d'où $F' = R.\dfrac{AD}{AB}.$

Si les deux points donnés sont situés d'un même côté de la force donnée, c'est le cas de la figure 45, où l'on donne aussi A, B, D, et la force R. On a, dans ce cas,

$$F : F' :: BD : AD \quad \text{d'où} \quad F : F - F' :: BD : BD - AD; \quad \text{et} \quad F = R.\frac{BD}{AB},$$

ou bien $\quad$ F' : F — F' :: AD : BD — AD ; $\quad$ d'où $\quad$ F' = R.$\dfrac{AD}{AB}$.

On peut aussi déterminer les composantes graphiquement.

Si DR (fig. 46) est la force donnée, et si A et B sont les points donnés ; menez AM et BN égaux et parallèles à DR ; joignez MRN, et tirez MB, qui coupera DR en un point I. Le segment DI représentera la force F qui doit être appliquée en A, et le segment IR la force F' qui doit être appliquée en B.

On a, en effet,

$$DI : AM :: BD : AB, \quad \text{d'où} \quad DI = R.\dfrac{BD}{AB} = F,$$

et
$$IR : BN :: MR : MN, \quad \text{d'où} \quad IR = R.\dfrac{MR}{MN} = R.\dfrac{AD}{AB} = F'.$$

Si DR (fig. 47) est la force donnée, et si A et B sont les points donnés, menez AM et BN égaux et parallèles à DR ; joignez MNR, et tirez MB qui ira couper en un point I le prolongement de DR. Le segment DI représentera la force F qui doit être appliquée en A (en sens contraire de R), et la droite RI représentera la force F' qui doit être appliquée en B (dans le sens de R).

On a, en effet,

$$DI : DR \text{ ou } AM :: BD : AB \quad \text{d'où} \quad DI = R.\dfrac{BD}{AB} = F,$$

et
$$IR : DR \text{ ou } BN :: MR \text{ ou } AD : MN \text{ ou } AB,$$

d'où
$$IR = R.\dfrac{AD}{AB} = F'.$$

111. Soit à composer maintenant un nombre quelconque de forces parallèles, appliquées à un même corps solide, et que nous supposerons d'abord toutes de même sens.

Soient F, F', F'', F''', etc. (fig. 48) les forces proposées, et A, B, C, D, etc., leurs points d'application. D'après la règle du n° **107**, on pourra remplacer les forces F et F' par une force F + F', parallèle et de même sens, appliquée en un point I de la droite AB, tel que l'on ait

$$AI : IB :: F' : F.$$

On pourra ensuite remplacer les forces parallèles et de même sens F + F' appliquée en I et F'' appliquée en C, par une force unique $F + F' + F''$, parallèle et de même sens, appliquée en un point K de la droite IC, tel qu'on ait

$$IK : KC :: F''' : F + F'.$$

On remplacera de même les forces $F + F' + F''$ et F''', appliquées respectivement en K et en D, par une force unique $F + F' + F'' + F'''$, parallèle et de même sens, appliquée en un point L de la droite KD, tel que l'on ait

$$KL : LD :: F''' : F + F' + F'',$$

et ainsi de suite.

On voit que la résultante finale sera égale à la somme de ses composantes, parallèle à ces composantes et de même sens; son point d'application sera complétement déterminé; mais il est entendu que cette résultante finale, aussi bien que les résultantes partielles, peuvent être transportées en un point quelconque du corps sur leur direction.

Remarque. Il peut arriver que la résultante ne rencontre pas le corps; dans ce cas, elle est purement fictive.

112. Supposons maintenant qu'il s'agisse d'un système de forces parallèles, dirigées les unes dans un sens et les autres en sens contraire. On composera d'abord en une seule toutes celles qui sont dirigées dans un sens, puis toutes celles qui sont dirigées dans le sens opposé. Le système se trouvera ainsi réduit à deux forces parallèles et de sens contraire, que l'on réduira en une seule en appliquant la règle du n° **107**.

Il pourra arriver que la résultante ne rencontre pas le corps; dans ce cas, elle sera purement fictive et ne pourra être employée que comme moyen de démonstration ou pour simplifier les énoncés.

Il pourra arriver que les deux forces parallèles et de sens contraire auxquelles on a réduit d'abord le système, soient égales en valeur absolue; dans ce cas, elles ne pourront être remplacées par une force unique (**109**, III).

Enfin ces deux forces égales, parallèles et de sens contraire, pourront en outre être directement opposées; dans ce cas, la résultante sera nulle, c'est-à-dire que les forces proposées se feront équilibre.

113. Si l'on applique à chaque composition partielle le théorème du n° **108**, la somme algébrique des travaux des deux composantes pourra toujours être remplacée par le travail de la résultante. Par conséquent, le théorème subsiste pour la résultante finale, c'est-à-dire que, *dans un système de forces parallèles comme dans un système de forces concourantes, le travail de la résultante, s'il y en a une, est égal à la somme algébrique des travaux de ses composantes*, ce qu'on peut écrire, comme au n. **91**,

$$\mathfrak{C}R = \Sigma\, \mathfrak{C}F.$$

114. La résultante d'un système de forces parallèles jouit d'une autre propriété qui revient au fond à celle-ci et pourrait s'en déduire, comme on le verra à la fin de ce chapitre, mais qu'il est bon de connaître sous la forme qu'on lui donne ordinairement.

Pour l'énoncer, il faut d'abord établir quelques notions préliminaires.

On appelle *moment* d'une force par rapport à un plan, le produit de cette force par la distance de son point d'application à ce plan.

Dans un système de forces parallèles, on convient de regarder comme positives celles qui agissent dans l'un des deux sens qu'offre leur direction commune, et comme négatives celles qui agissent dans le sens contraire. De même, la perpendiculaire abaissée du point d'application d'une force sur un plan est regardée comme positive quand elle est située d'un côté déterminé et convenu par rapport à ce plan, et on la regarde comme négative quand elle est située de l'autre côté de ce plan.

Par suite, le moment d'une force par rapport à un plan peut être lui-même positif ou négatif, suivant que les deux facteurs qui le composent sont de même signe ou de signe contraire.

Cela posé, on démontre la propriété suivante :

115. THÉORÈME. *Dans un système de forces parallèles* (qui ont une résultante) *le moment de la résultante par rapport à un plan quelconque, est égal à la somme algébrique des moments de ses composantes par rapport à ce même plan.*

1° Considérons d'abord deux forces parallèles et de même sens F et F' (fig. 49) et leur résultante R ; regardons ces forces comme positives. De leurs points d'application A, B, C, abaissons sur un même plan quelconque les perpendiculaires AM, BN, CP, dont les pieds M, N, P seront en ligne droite, et que nous regarderons aussi comme positives. Par le point C menons A'B' parallèle à MN. Faisons AM $= x$, BN $= x'$ et CP $= X$; d'où

$$AA' = AM - A'M = AM - CP = x - X$$
$$BB' = B'N - BN = CP - BN = X - x'.$$

Les triangles semblables ACA' et BCB' donnent la proportion (**107**)

$$AA' : BB' :: AC : CB \quad \text{ou} \quad :: F' : F,$$

ou
$$x - X : X - x' :: F' : F ;$$

d'où

[1] $$\qquad Fx + F'x' = (F + F')X = RX,$$

ce qui revient à l'énoncé du théorème.

2° Soient, en second lieu, deux forces parallèles et de sens contraire F et F' (fig. 50) ; soit R leur résultante. Faisons les mêmes constructions que ci-dessus, et désignons par les mêmes lettres les quantités analogues. Regardons F et R comme positives, F' devra être considérée comme négative.

On aura $\quad AA' = X - x \quad$ et $\quad BB' = X - x'$.

Les triangles ACA' et BCB' donneront

$$AA' : BB' :: CA : CB :: F' : F,$$

ou
$$(X - x) : (X - x') :: F' : F ;$$

d'où
$$Fx - F'x' = (F - F')X = RX,$$

ce qui revient encore à l'énoncé du théorème, puisque $- F'x'$ est alors le moment de la force F'.

3° Il pourrait se faire que les trois points A, B, C ne fussent pas situés tous les trois d'un même côté du plan par rapport auquel on prend les moments ; mais en ayant alors égard au signe qui doit affecter chacune des trois perpendiculaires x, x' X, on arriverait toujours à un résultat conforme à l'énoncé. Le lecteur pourra reprendre la démonstration pour chacun des cas où cette circonstance se présente.

La seule formule $Fx + F'x' = RX$ peut répondre à tous les cas si l'on y regarde toutes les quantités qui y entrent comme des quantités algébriques, susceptibles d'être positives ou négatives, suivant qu'elles sont comptées dans un certain sens convenu, ou en sens contraire.

116. Soient maintenant F, F', F'', F''', ... $F^{(n-1)}$, $F^{(n)}$ autant de forces parallèles qu'on voudra, qui peuvent être dirigées, les unes dans un sens, les autres en sens contraire. Soient x, x', x'', x''', ... $x^{(n-1)}$, $x^{(n)}$ leurs distances à un même plan quelconque.

Soient de plus :

r la résultante de F et F', et h sa distance au même plan,

r'	«	r et F'', et h',	»
r''	«	r' et F''', et h'',	»

$$\cdots\cdots\cdots\cdots\cdots\cdots\cdots\cdots\cdots\cdots\cdots\cdots$$

$r^{(n-2)}$	«	$r^{(n-3)}$ et $F^{(n-1)}$, et $h^{(n-2)}$,	»
R	«	$r^{(n-2)}$ et $F^{(n)}$, et X,	».

on aura successivement, en appliquant la proposition démontrée au numéro précédent :

$$rh \ = Fx + F'x',$$
$$r'h' = rh + F''x'',$$
$$r''h'' = r'h' + F'''x''',$$
$$\cdots\cdots\cdots\cdots\cdots\cdots$$
$$r^{(n-2)}h^{(n-2)} = r^{(n-3)}h^{(n-3)} + F^{(n-1)}x^{(n-1)},$$
$$RX \qquad = r^{(n-2)}h^{(n-2)} + F^{(n)}x^{(n)};$$

d'où, en additionnant, et supprimant les termes communs aux deux membres :

$$RX = Fx + F'x' + F''x'' + F'''x'''... + F^{(n-1)}x^{(n-1)} + F^{(n)}x^{(n)},$$

ce qu'on peut écrire d'une manière abrégée

$$RX = \Sigma Fx,$$

et qui revient à l'énoncé général du théorème.

REMARQUE. Lorsque toutes les forces sont égales et de même sens, on a $\Sigma Fx = F\Sigma x$, puisque F est alors un facteur commun à tous les termes renfermés sous le signe Σ. D'ailleurs on a, dans le même cas, en désignant par n le nombre des forces...

$R = nF$. Substituant ces valeurs dans l'équation des moments, on obtient :

$$nF.X = F\Sigma x \quad \text{d'où} \quad X = \frac{\Sigma x}{n};$$

c'est-à-dire que, *dans ce cas, la distance du point d'application de la résultante à un plan quelconque est la moyenne entre les distances des points d'application des composantes au même plan.*

117. Le théorème des moments peut servir à déterminer par le calcul la résultante d'un système de forces parallèles.

Soit F l'une quelconque de ces forces, x et y ses distances à deux plans fixes, parallèles à la direction commune des forces, et rectangulaires entre eux, par exemple ; soit R la résultante ; X et Y ses distances aux mêmes plans. On aura d'abord,

$$R = \Sigma F,$$

en désignant ainsi la somme algébrique des forces, c'est-à-dire la somme de toutes celles qui sont dirigées dans le sens qu'on regarde comme positif, diminuée de la somme de toutes celles qui sont dirigées dans le sens opposé.

On aura ensuite, en prenant les moments par rapport aux deux plans fixes considérés :

$$R\ddot{X} = \Sigma Fx \quad \text{et} \quad R\dot{Y} = \Sigma Fy,$$

d'où

$$X = \frac{\Sigma Fx}{\Sigma F} \quad \text{et} \quad Y = \frac{\Sigma Fy}{\Sigma F};$$

ce qui fera connaître la distance de la résultante aux deux plans fixes, et par conséquent la droite suivant laquelle elle est dirigée.

Remarques. I. Si cette droite rencontre le corps, on pourra prendre l'un quelconque des points de rencontre pour le point d'application de la résultante. Si cette droite ne rencontre pas le corps, la résultante sera purement fictive.

II. Si l'on a $\Sigma F = 0$, c'est-à-dire si la somme des forces dirigées dans un sens est égale à la somme des forces dirigées dans le sens opposé, le système se réduit à deux forces égales et contraires ; et en vertu du théorème des moments, la somme algébrique des moments de toutes les forces se réduit à la somme algébrique des moments de ces deux forces égales et contraires. On a donc, en nommant F la valeur absolue de l'une d'elles :

$$\Sigma Fx = F(x - x') \quad \text{et} \quad \Sigma Fy = F(y - y').$$

Il ne peut alors se présenter que deux cas :

1° Si l'on n'a pas à la fois $x = x'$ et $y = y'$, c'est-à-dire si les deux forces ne sont pas directement opposées, l'une au moins des quantités X ou Y se présentera sous la forme $\frac{m}{0}$. Nous retrouvons ici cette circonstance, déjà signalée au n° 109, d'une résultante nulle, située à une distance infinie.

2° Si l'on a à la fois $x = x'$ et $y = y'$, c'est-à-dire si les deux forces sont directement opposées, X et Y se présenteront toutes deux sous la forme $\frac{0}{0}$. Et, en effet, dans ce cas il y a équilibre, et l'on peut imaginer une résultante nulle appliquée où l'on voudra.

On voit donc que lorsque $\Sigma F = 0$, le système se réduira à deux forces égales et contraires, sans résultante, ou à deux forces égales et opposées donnant une résultante nulle, suivant que l'un au moins des numérateurs de X et de Y ne sera pas nul, ou qu'ils seront nuls tous les deux.

Il ne pourra y avoir équilibre que dans ce dernier cas ; c'est-à-dire quand on aura à la fois :

$$\Sigma F = 0, \quad \Sigma Fx = 0, \quad \Sigma Fy = 0.$$

118. Le théorème des moments peut conduire par une autre voie aux conditions de l'équilibre.

Pour qu'un système de forces parallèles, appliquées à un corps solide, soit en équilibre, il faut que l'une quelconque d'entre elles soit égale et directement opposée à la résultante de toutes les autres. Soient F, F', F'', F'''... $F^{(n)}$ les forces considérées, et R la résultante de toutes ces forces, à l'exception de la première ; on aura, en conservant les notations des n° 116 et 117 :

$$R = F' + F'' + F'''... + F^{(n)};$$
$$RX = F'x' + F''x'' + F'''x'''... + F^{(n)}x^{(n)},$$
$$RY = F'y' + F''y'' + F'''y'''... + F^{(n)}y^{(n)};$$

mais puisque F est égal et opposé à R, on a :

$$R = -F, \quad X = x, \; Y = y, \quad RX = -Fx, \quad RY = -Fy.$$

Substituant ces valeurs dans les relations précédentes, et faisant passer tous les termes dans un même membre, il vient :

$$F + F' + F'' + F''' \ldots + F^{(n)} = 0$$
$$Fx + F'x' + F''x'' + F'''x''' \ldots + F^{(n)}x^{(n)} = 0,$$
$$Fy + F'y' + F''y'' + F'''y''' \ldots + F^{(n)}y^{(n)} = 0,$$

ou, plus simplement :

$$\Sigma F = 0, \quad \Sigma Fx = 0, \quad \Sigma Fy = 0;$$

c'est-à-dire qu'*il faut* pour l'équilibre : *que la somme algébrique des forces soit nulle, et que la somme algébrique de leurs moments par rapport à deux plans rectangulaires, parallèles à leur direction, soit nulle pour chacun de ces plans.*

REMARQUE. Il est aisé de voir que ces conditions sont suffisantes. Car, si l'on a $\Sigma F = 0$, le système se réduit à deux forces égales et contraires, et si l'on a en même temps $\Sigma Fx = 0$ et $\Sigma Fy = 0$, ces deux forces parallèles et contraires sont directement opposées (**117**, Rem. II), et par conséquent il y a équilibre.

119. *Dans le cas de l'équilibre, la somme des travaux des forces est égale à zéro.*

Car, si R désigne toujours la résultante des forces F', F'' ...., $F^{(n)}$, on a (**113**) :

$$\mathfrak{E}R = \mathfrak{E}F' + \mathfrak{E}F'' \ldots + \mathfrak{E}F^{(n)};$$

mais, puisque F et R sont directement opposées, on a aussi

$$\mathfrak{E}R = -\mathfrak{E}F,$$

donc

$$-\mathfrak{E}F = \mathfrak{E}F' + \mathfrak{E}F'' \ldots + \mathfrak{E}F^{(n)},$$

ou bien

$$\mathfrak{E}F + \mathfrak{E}F' + \mathfrak{E}F'' \ldots + \mathfrak{E}F^{(n)} = 0,$$

ou, en abrégeant l'écriture :

$$\Sigma \mathfrak{E}F = 0,$$

comme dans le cas d'un système de forces concourantes.

120. La construction indiquée aux n°ˢ 111 et 112 pour trouver un point de la direction de la résultante d'un système de forces parallèles appliquées à un corps solide, montre que la position du point obtenu ne dépend que de la position des points d'application des composantes et de l'intensité et du sens de ces forces, mais nullement de leur direction commune; c'est-à-dire que ce point resterait le même si les forces, conservant leurs intensités, leur parallélisme et leur sens relatif, changeaient ensemble de direction d'une manière quelconque dans l'espace. Ce point resterait encore le même si les forces changeaient en même temps d'intensités; pourvu que les nouvelles intensités restassent proportionnelles aux premières.

Ce point qui reste constamment sur la direction de la résultante d'un système de forces parallèles, appliquées à un corps solide, quelle que soit la direction commune de ces forces, pourvu que leurs points d'application et leurs intensités relatives demeurent les mêmes, est ce qu'on nomme le *centre des forces parallèles*.

La construction du n° 111 montre comment on peut l'obtenir par la Géométrie; voici comment on peut le déterminer par le calcul.

Rapportons à trois axes rectangulaires les points d'application des forces proposées; soient x, y, z les coordonnées par rapport à ces axes du point d'application de la force F; x', y', z' les coordonnées du point d'application de la force F', et ainsi de suite; enfin X, Y, Z les coordonnées du centre des forces parallèles, qui peut être considéré comme le point d'application de la résultante R.

En prenant les moments de ces forces successivement par rapport aux plans des yz, des zx et des xy, on aura (**116**):

$$RX = Fx + F'x' + \text{etc.} = \Sigma Fx,$$
$$RY = Fy + F'y' + \text{etc.} = \Sigma Fy,$$
$$RZ = Fz + F'z' + \text{etc.} = \Sigma Fz,$$

d'où l'on tire, en remarquant que $R = \Sigma F$:

$$X = \frac{\Sigma Fx}{\Sigma F}, \quad Y = \frac{\Sigma Fy}{\Sigma F}, \quad Z = \frac{\Sigma Fz}{\Sigma F},$$

ce qui détermine les coordonnées du centre des forces parallèles.

Remarque. Dans le cas où toutes les forces sont égales et de même sens, en désignant par n le nombre de ces forces, on obtient (voy. la Remarque à la fin du n° **116**):

$$X = \frac{\Sigma x}{n}, \quad Y = \frac{\Sigma y}{n}, \quad Z = \frac{\Sigma z}{n}.$$

Le centre des forces parallèles se confond alors avec le point auquel on donne le nom de *centre des moyennes distances*.

§ III. Centre de gravité : sa recherche se réduit à une question de Géométrie quand le corps est homogène. — Cas où le corps a un plan de symétrie, un axe ou un centre de figure.
Centre de gravité du triangle; il est le même que celui du système de trois sphères homogènes égales qui auraient leurs centres aux trois sommets. — Centre de gravité du trapèze et d'un quadrilatère quelconque.

121. Lorsque les forces parallèles considérées sont les poids des molécules d'un même corps solide, le centre des forces parallèles prend le nom de *centre de gravité*.

A la vérité, ces poids sont des forces verticales dont on ne peut pas faire varier la direction par rapport au corps; mais on peut, ce qui revient au même, faire varier la position du corps par rapport à la verticale, et le centre de gravité est le point par lequel passe constamment la résultante des poids de toutes les molécules, quelle que soit la position que le corps prenne.

Les poids des molécules étant des forces de même sens, leur résultante est égale à leur somme; c'est le poids total du corps considéré. Si le centre de gravité est un des points du corps solide, on peut concevoir qu'on remplace les poids de toutes les molécules par une force unique égale à leur somme et appliquée au centre de gravité. Si le centre de gravité est situé hors du corps, cette substitution ne peut plus se concevoir qu'en supposant ce point invariablement lié au système, fiction qui n'est qu'un moyen de simplifier les démonstrations, les énoncés ou les formules, mais à laquelle on ne doit attacher aucune idée de réalité.

122. Lorsque le corps que l'on considère est *homogène*, c'est-à-dire quand ses parties, quelque petites qu'on les suppose, ont des poids proportionnels à leur volume, la position du centre de gravité devient indépendante de la nature du corps; et sa recherche n'est plus qu'une question de Géométrie.

En effet; si l'on appelle V, V', V″, etc., les volumes des divers éléments géométriques du corps; F, F', F″, etc., leurs poids; Π le poids de l'unité de volume de la matière dont le corps est composé; U son volume total, et R son poids, on aura :

$$F = \Pi V, \quad F' = \Pi V', \quad F'' = \Pi V'', \quad \text{etc.}; \quad \dots \quad R = \Pi U;$$

et, par suite, les formules du n° **120** deviendront :

$$\Pi U X = \Sigma \Pi V x, \quad \Pi U Y = \Sigma \Pi V y, \quad \Pi U Z = \Sigma \Pi V z,$$

ou, en remarquant que le facteur Π, qui entre dans le premier membre, est commun à tous les termes compris sous le signe Σ dans le second,

$$[1] \qquad U X = \Sigma V x, \quad U Y = \Sigma V y, \quad U Z = \Sigma V z.$$

Ces formules expriment : que *le produit du volume total du corps par la distance de son centre de gravité à chacun des trois plans coordonnés, est égal à la somme des produits des éléments du volume par leurs distances respectives à ces mêmes plans;* relation purement géométrique.

REMARQUES. I. Il peut arriver que l'une des dimensions du corps soit négligeable par rapport aux deux autres, c'est-à-dire que ce corps se réduise sensiblement à une surface. Dans ce cas, les formules précédentes seront encore applicables; seulement les quantités V, V', V″, etc., U représenteront les divers éléments de la surface, et son aire totale.

Il peut arriver encore que deux des dimensions du corps soient négligeables par rapport à la troisième, c'est-à-dire que ce corps se réduise sensiblement à une ligne. Les formules subsisteront encore dans ce cas; mais V, V', V″, etc., U désigneront les éléments de cette ligne et sa longueur totale.

II. Ces formules subsisteraient encore si V, V', V″, etc., au lieu de représenter des éléments infiniment petits du volume, de l'aire, ou de la longueur exprimés par U, représentaient des parties finies de ce volume, de cette aire ou de cette longueur; pourvu que x, y, z fussent alors les coordonnées du centre de gravité de V; x', y', z' les coordonnées du centre de gravité de V', etc. En d'autres termes, si l'on entend par *moment d'un vo-*

lume par rapport à un plan, le produit de ce volume par la distance de son centre de gravité à ce plan ; on pourra dire que *le moment du volume total est égal à la somme des moments des volumes partiels dont il se compose.* Il en serait de même pour des aires ou pour des longueurs.

On peut, en effet, considérer le poids de chaque partie comme une force verticale appliquée en son centre de gravité ; et l'énoncé que nous venons de souligner revient à dire que *le moment du poids total est égal à la somme des moments des poids partiels.*

III. Les formules [1] donnent :

$$[2] \qquad X = \frac{\Sigma V x}{U}, \quad Y = \frac{\Sigma V y}{U}, \quad Z = \frac{\Sigma V z}{U},$$

formules qui déterminent le centre de gravité du corps total.

123. Pour simplifier la recherche des centres de gravité des corps homogènes, on peut s'appuyer sur les propositions suivantes.

I. *Si le corps peut se décomposer en diverses parties dont les centres de gravité soient sur un même plan ou sur une même droite, le centre de gravité du corps entier sera aussi sur ce plan ou sur cette droite.*

En effet : le poids de chaque partie peut être supposé appliqué au centre de gravité de cette partie ; on a donc à composer un système de forces parallèles dont les points d'application sont situés, par hypothèse, dans un même plan ou sur une même droite ; or, d'après la construction indiquée aux n⁰ˢ **111** et **112** pour déterminer le point d'application de la résultante, ce point sera lui-même situé dans ce plan ou sur cette droite. Et ce point n'est autre chose que le centre de gravité du corps total.

II. *Si le corps a un plan de symétrie, son centre de gravité est dans ce plan.*

Il est clair, en effet, que les centres de gravité des deux parties du corps séparées par le plan de symétrie, sont symétriquement placés par rapport à ce plan. Or, ces centres de gravité peuvent être considérés comme les points d'application des poids des deux parties, c'est-à-dire de deux forces égales, parallèles et de même sens. La résultante de ces deux forces passe donc par le milieu de la droite qui joint leurs points d'application (**107**); et cela quelle que soit la position du corps; ce milieu n'est donc autre chose que le centre de gravité du corps. D'ailleurs, il est évident que ce milieu est dans le plan de symétrie.

III. *Si le corps a un axe de symétrie, son centre de gravité est sur cet axe.*

Car un axe de symétrie est l'intersection de deux plans de symétrie.

124. On déduit immédiatement de ces principes les propositions suivantes.

Le centre de gravité d'une LIGNE DROITE *est au milieu de cette droite.*

Le centre de gravité d'un RECTANGLE *est à son centre de figure,* point d'intersection de ses médianes qui le divisent symétriquement.

Le centre de gravité d'un POLYGONE RÉGULIER, *ou d'un* CERCLE, *est au centre de figure,* point d'intersection de ses divers axes de symétrie.

Le centre de gravité d'un PARALLÉLÉPIPÈDE RECTANGLE *est à son centre de figure,* point d'intersection de ses trois plans de symétrie.

Le centre de gravité d'un CYLINDRE DROIT A BASE CIRCULAIRE *est au milieu de son axe,* point d'intersection de cet axe avec le plan de symétrie qui lui est perpendiculaire.

Le centre de gravité d'une SPHÈRE *est à son centre,* point d'intersection de tous les plans de symétrie, etc.

125. CENTRE DE GRAVITÉ DU PARALLÉLOGRAMME.

Soit ABCD (fig. 51), le parallélogramme proposé. Menons la diagonale BD, qui le divisera en deux triangles égaux. Soient g et g' les centres de gravité de ces triangles; menons gp et $g'p'$ perpendiculaires à BD, et prenons le milieu O de la diagonale BD.

Sans connaître la position des points g et g' par rapport aux deux triangles auxquels ils se rapportent, on peut admettre que, comme ces triangles sont égaux, leurs centres de gravités coïncideraient, si on venait à les superposer. On a donc :

$$gp = g'p' \quad \text{et} \quad Op = O'p',$$

par conséquent les angles pOg et $p'Og'$ sont égaux, et $gO = g'O$. Donc gOg' est une ligne droite dont le point O est le milieu.

Mais les poids des triangles ABD et BDC peuvent être considérés comme appliqués en g et g'; le point d'application de leur résultante, c'est-à-dire le centre de gravité du parallélogramme est donc situé au milieu de la droite gg', ou au point O, milieu de la diagonale BD.

Ainsi *le centre de gravité d'un parallélogramme est au milieu des deux diagonales,* qui est aussi le point de rencontre des deux médianes.

126. CENTRE DE GRAVITÉ DU TRIANGLE.

I. Soit ABC (fig. 52) le triangle proposé. Menons la médiane AI. Menons bc et de parallèles à BC, puis bb', cc', dd', ee' parallèles à la médiane AI.

La droite AI passant par le milieu de bc et par le milieu de de, passe aussi par le milieu de $b'c'$ et par le milieu de $d'e'$; car on a $b'd = bd'$ et $ec' = e'c$. Le centre de gravité du parallélogramme $bb'c'c$ est donc situé sur la droite AI (**125**), au milieu O de la partie de cette droite comprise entre bc et de. De même le centre de gravité du parallélogramme $d'dee'$ est situé sur AI, au milieu de la portion de cette droite comprise entre bc et de, c'est-à-dire au même point O.

Mais plus les droites bc et de seront rapprochées, plus la différence des parallélogrammes $bb'c'c$ et $d'dee'$ sera petite par rapport à chacun d'eux; plus par conséquent ils tendront à se confondre l'un avec l'autre et avec le trapèze $bdec$ qui reste compris entre eux. Donc, lorsque la distance des droites bc et de sera infiniment petite, on pourra dire que le trapèze $bdec$ se confond avec l'un quelconque de ces parallélogrammes, et a, par conséquent, son centre de gravité au même point O sur la médiane AI.

Il en résulte que, si l'on conçoit le triangle décomposé par des parallèles à BC en trapèzes infiniment minces, tous ces trapèzes pourront être considérés comme ayant leur centre de gravité sur la médiane AI. Donc, en vertu du principe I du n° **123**, le centre de gravité du triangle ABC est situé sur cette même médiane.

II. Cela posé, comme on en pourrait dire autant pour une

autre médiane en prenant un autre côté pour base, il en résulte que *le centre de gravité d'un triangle est au point de rencontre de ses trois médianes.*

Soient AI et BH (fig. 53) deux de ces médianes, G leur point de rencontre. Joignons IH. Les triangles IGH et AGB étant semblables, on aura la proportion :

$$IG : AG :: IH : AB ;$$

mais les triangles ICH et BCA étant aussi semblables, on aura :

$$IH : AB :: IC : BC :: 1 : 2 ;$$

donc, à cause du rapport commun,

$$IG : AG :: 1 : 2.$$

On tire de là

$$IG : IG + AG :: 1 : 1 + 2,$$

ou

$$IG : AI :: 1 : 3,$$

c'est-à-dire que IG est le tiers de AI.

Ainsi donc *le centre de gravité d'un triangle est situé sur la droite qui joint le sommet au milieu de la base, au tiers de cette droite à partir de la base.*

127. REMARQUE. Imaginons que les trois points A,B,C soient les centres de trois sphères égales, homogènes et de même matière, et qu'on demande le centre de gravité du système de ces trois sphères considérées comme liées invariablement les unes aux autres. Soit P le poids de l'une d'elles ; on aura à composer trois forces parallèles et de même sens, égales à P, appliquées respectivement aux points A,B,C. Pour cela, on pourra d'abord composer les deux forces P appliquées en B et en C ; ce qui donnera une force 2P appliquée au milieu I de BC. On aura ensuite à composer cette force 2P appliquée en I avec la force P appliquée en A. Pour cela, il faudra diviser la distance AI dans le rapport inverse de ces forces (**107**), c'est-à-dire dans le rapport inverse des nombres 2 et 1 ; ce qui donnera le point G.

Par conséquent : *le centre de gravité d'un triangle est le même que celui du système de trois sphères égales et homogènes ayant leurs centres aux trois sommets.*

128. CENTRE DE GRAVITÉ DU TRAPÈZE.

Soit ABCD (fig. 54) le trapèze proposé. Prolongeons les côtés

non parallèles jusqu'à leur rencontre en S, joignons ce point
au milieu I de la base BD, la ligne de jonction passera aussi par
le milieu H de la base AD. Par les considérations employées au
n° **126**, on fera voir que le centre de gravité du trapèze doit se
trouver sur la droite HI. Soit G ce centre de gravité. Il reste à
déterminer le rapport des longueurs GI et GH, ou, ce qui revient au même, le rapport des distances du point G aux deux
bases BC et AD.

Soient x et y ces distances, et $h = x + y$ la hauteur du trapèze. Désignons BC par B et AD par b.

Menons la diagonale BD. Le point G peut être considéré
comme le point d'application de la résultante des poids des deux
triangles BAD et DBC, appliqués aux centres de gravité de ces
triangles. Appliquons à ces forces le théorème des moments, en
prenant d'abord pour plan des moments un plan mené suivant
BC perpendiculairement au plan du trapèze. Les distances des
centres de gravité des deux triangles au plan des moments, ou,
ce qui revient au même, à BC, seront $\frac{1}{3} h$ pour le triangle DBC
et $\frac{2}{3} h$ pour le triangle BAD; nous aurons donc :

$$\text{ABCD} \cdot x = \text{DBC} \cdot \tfrac{1}{3} h + \text{BAD} \cdot \tfrac{1}{3} h,$$

[1] ou $\qquad \text{ABCD} \cdot x = \tfrac{1}{6} (\text{B} + 2b) h^2.$

En prenant les moments par rapport à un plan mené suivant
AD perpendiculairement au plan du trapèze, et observant que
la distance des centres de gravité des deux triangles à ce plan,
ou, ce qui revient au même, à AD, est alors $\frac{1}{3} h$ pour le triangle
BAD et $\frac{2}{3} h$ pour le triangle DBC, on aura de même :

$$\text{ABCD} \cdot y = \text{DBC} \cdot \tfrac{2}{3} h + \text{BAD} \cdot \tfrac{2}{3} h,$$

[2] ou $\qquad \text{ABCD} \cdot y = \tfrac{1}{6} (2\text{B} + b) h^2.$

Si l'on divise l'équation [1] par l'équation [2], on trouve

$$\frac{x}{y} \ \text{ou} \ \frac{\text{GI}}{\text{GH}} = \frac{\text{B} + 2b}{b + 2\text{B}}.$$

Cette formule conduit à la construction suivante :

Prolongez DA d'une quantité AM égale à BC; prolongez BC
d'une quantité CN égale à AD; joignez MN, qui coupera IH au
point G cherché.

On aura, en effet :

$$\frac{GI}{GH} = \frac{IN}{MH} = \frac{\frac{1}{2} B + b}{B + \frac{1}{2} b} = \frac{B + 2b}{2B + b},$$

comme l'exige la formule.

REMARQUES. I. Si les bases B et b différaient infiniment peu l'une de l'autre, $B + 2b$ serait sensiblement égal à $2B + b$, et l'on aurait GI = GH, c'est-à-dire que le point G serait au milieu de la médiane IH.

C'est ce qui a lieu pour les trapèzes élémentaires considérés au nº 126 (fig. 52).

II. Si les circonstances obligeaient à renfermer les constructions dans l'intérieur du trapèze, on pourrait, après avoir mené la diagonale BD (fig. 54), déterminer les centres de gravité des deux triangles BAD et DBC, et joindre ces points par une droite. Cette droite devrait contenir le centre de gravité du trapèze (107); et, comme il doit déjà se trouver sur la médiane IH, il serait au point de rencontre de ces deux lignes.

129. CENTRE DE GRAVITÉ D'UN QUADRILATÈRE QUELCONQUE.

Soit ABCD (fig. 56) le quadrilatère proposé. Tirons les deux diagonales qui se couperont en un certain point E. Soit I le milieu de la diagonale AC ; joignons DI et BI ; prenons sur ces droites les points g et g' au tiers de leur longueur à partir du point I ; ces points seront les centres de gravité des triangles ADC et ABC. Par conséquent, si on les joint par une droite gg', le centre de gravité du quadrilatère devra se trouver sur cette droite et la diviser en raison inverse des surfaces des deux triangles (107). Or, il est facile de voir que ces triangles, qui ont même base AC, sont entre eux comme les droites DE et BE proportionnelles aux hauteurs. On devra donc avoir, si G est le point cherché,

$$Gg : Gg' :: BE : DE.$$

Pour remplir cette condition, il suffit de prendre BH égal à DE, et de joindre le point H au point I par une droite, qui coupera gg' au point demandé G. Car on aura :

$$Gg : Gg' :: DH : BH \quad \text{ou} \quad :: BE : DE.$$

On peut remarquer qu'on a aussi

$$IG : IH :: Ig : ID ,$$

et que, par conséquent, IG est le tiers de IH.

Pour obtenir le centre de gravité d'un quadrilatère quelconque ABCD, la construction à faire est donc la suivante :

Tirez les deux diagonales AC et BD, qui se coupent en E ; prenez sur l'une d'elles, la longueur BH égale au segment DE ; joignez le point H ainsi obtenu au milieu I de l'autre diagonale, et prenez le tiers de IH à partir du point I ; le point G ainsi obtenu sera le centre de gravité cherché.

§ IV. Centre de gravité du tétraèdre ; il est le même que celui du système de quatre sphères homogènes égales qui auraient leurs centres aux quatre sommets, et se trouve au point d'intersection des droites qui joignent les milieux des arêtes respectivement opposées. — Centre de gravité de la pyramide et du cône. — (La notion du centre de gravité ne suppose pas nécessairement la solidité des corps ; elle s'applique à un système quelconque de points matériels.)

Le travail relatif à un corps ou à un système de corps pesants est le même que si la masse de ces corps se trouvait concentrée en leur centre de gravité général. — Application relative à l'élévation des fardeaux.

130. Pour arriver à la détermination du centre de gravité du tétraèdre, nous considérerons d'abord un prisme triangulaire ABCDEF (fig. 57). Concevons qu'on ait divisé l'arête AD en un nombre quelconque n de parties égales, et que par tous les points de division on ait mené des plans parallèles aux bases. Le prisme se trouvera ainsi décomposé en n petits prismes égaux, analogues à *abcdef*.

Ces prismes partiels étant égaux, on doit admettre que leurs centres de gravité y sont placés de la même manière. Ils sont donc tous à la même distance de AD ; par une raison analogue ils sont tous à une même distance de BE, ce qui exige qu'ils soient sur une même droite IH parallèle aux arêtes latérales.

Mais comme n est arbitraire, on peut le prendre assez grand pour que l'arête *ad* de l'un quelconque des prismes partiels soit aussi petite que l'on voudra ; on peut donc prendre cette arête assez petite pour que le prisme *abcdef* approche autant qu'on le voudra de se réduire au triangle *abc*. La droite IH doit donc passer par le centre de gravité *o* du triangle *abc*, et par les centres de gravité de tous les triangles analogues ; en particulier par les centres de gravité des bases ABC et DEF du prisme.

Chacun des éléments prismatiques *abcdef* ayant son centre de gravité sur IH, le centre de gravité du prisme total lui-même doit être situé sur cette droite (**123**). De plus, il sera au milieu de cette droite ; car si l'on remplace le poids de chaque élément prismatique par une force appliquée à son centre de gravité, tous ces poids partiels se trouveront uniformément répartis sur la droite IH ; et le point d'application de leur résultante sera le centre de gravité d'une droite pesante et homogène IH, c'est-à-dire son milieu.

Ainsi : *le centre de gravité d'un prisme triangulaire est au milieu de la droite qui joint les centres de gravité de ses deux bases.*

Remarques. I. La même démonstration s'appliquerait à un prisme à base quelconque ; et par suite à un cylindre oblique, à base quelconque.

II. Elle s'appliquerait aussi à un parallélépipède quelconque. Dans ce cas le centre de gravité ne serait autre chose que le point de rencontre des plans médians, ou le point de rencontre des droites qui joignent les centres de figure des faces opposées, ou enfin le point de rencontre des diagonales.

131. Centre de gravité du tétraèdre.

I. Soit ABCD (fig. 58) le tétraèdre proposé. Joignons le point A au centre de gravité I de la face opposée. Menons les plans *bcd*, *efh* parallèles à BCD ; et les droites bb', cc', dd', ee', ff', hh', parallèles à AI ; enfin joignons $b'c'$, $c'd'$, $b'd'$ et $e'f'$, $f'h'$, $e'h'$.

La droite AI, étant menée au centre de gravité I de la base BCD, passe par les centres de gravité o et o' des sections *bcd* et *efh* ; car le point A est leur centre commun de similitude. Les prismes triangulaires $bcdb'c'd'$, $efhe'f'h'$ dont les arêtes latérales sont parallèles à AI, ont donc tous deux leur centre de gravité au milieu de oo'.

Mais plus les sections *bcd*, *efh* seront rapprochées, plus la pyramide tronquée *bcdefh*, comprise entre les deux prismes, approchera de se confondre avec chacun d'eux. Donc, lorsque la distance oo' sera infiniment petite, on pourra dire que la pyramide triangulaire se confond avec l'un quelconque de ces prismes, et a, par conséquent, son centre de gravité au même point sur la ligne AI.

Il en résulte que si l'on conçoit le tétraèdre décomposé par des plans parallèles à BCD, en pyramides tronquées infiniment minces, toutes ces pyramides tronquées pourront être considérées comme ayant leur centre de gravité sur la droite AI. Donc, en vertu du principe I du n° **123**, le centre de gravité du tétraèdre ABCD est situé sur cette même droite AI.

II. Cela posé, comme on pourrait en dire autant en prenant pour base une autre face, il s'ensuit que : *le centre de gravité d'un tétraèdre est au point de rencontre des droites menées de chaque sommet au centre de gravité de la face opposée.*

Soit O (fig. 59) le milieu de l'arête BC du tétraèdre ABCD ; menons AO et DO ; prenons OH égal au tiers de AO , et OI égal au tiers de OD ; les points H et I seront respectivement les centres de gravité des faces ABC et BCD (**126**). Tirons AI et DH ; ces droites, qui sont toutes deux dans le plan AOD, se rencontreront en un point G qui sera le centre de gravité du tétraèdre. Or, si l'on mène IH, les triangles semblables IGH et AGD donneront la proportion

$$\text{IG : GA :: IH : AD.}$$

Mais les triangles semblables IOH et AOD donnent aussi

$$\text{IH : AD :: OI : OD} \quad \text{ou} \quad \text{:: 1 : 3}$$

donc, à cause du rapport commun ,

$$\text{IG : GA :: 1 : 3.}$$

On tire de là $\quad$ IG : IG + GA :: 1 : 1 + 3

ou $\qquad$ IG : AI :: 1 : 4 ;

c'est-à-dire que IG est le quart de AI.

Ainsi donc : *le centre de gravité d'un tétraèdre est situé sur la droite qui joint le sommet au centre de gravité de la base, au quart de cette droite à partir de la base.*

Remarque. Si par le point G on menait un plan parallèle à la base BCD du tétraèdre, ce point serait le centre de gravité de la section déterminée par ce plan.

132. Imaginons que les points A,B,C,D soient les centres de gravité de quatre sphères égales, homogènes et de même matière; et qu'on demande le centre de gravité du système de ces quatre sphères, considérées comme liées invariablement les unes aux autres. Soit P le poids de l'une d'elles. On aura à composer quatre forces égales, parallèles et de même sens, appliquées respectivement aux points A,B,C,D. Pour cela, on pourra d'abord composer les deux forces P appliquées aux points B et C, ce qui donnera une force 2P appliquée au milieu O de BC. On aura ensuite à composer cette force 2P appliquée en O, avec la force P appliquée en D; pour cela il faudra diviser la distance OD dans le rapport inverse de ces forces (**107**); c'est-à-dire dans le rapport inverse des nombres 2 et 1, ce qui donnera le point I, centre de gravité de la base BCD. On aura enfin à composer la force 3P appliquée en I, avec la force P appliquée en A; pour cela, il faudra diviser AI dans le rapport inverse des nombres 3 et 1, ce qui donnera précisément le point G.

Par conséquent, *le centre de gravité d'un tétraèdre est le même que celui du système de quatre sphères égales et homogènes, ayant leurs centres de gravité aux quatre sommets.*

Remarques. I. Les quatre poids P appliqués aux points A, B, C, D peuvent aussi être composés d'une autre manière. On peut d'abord composer les poids P appliqués en B et en C, en un seul poids 2P appliqué au milieu O de BC. On peut ensuite composer les deux autres poids P appliqués en A et en D en un seul poids 2P appliqué au milieu K de AD. Il restera à composer le poids 2P appliqué en O avec le poids 2P appliqué en K, ce qui donnera un poids 4P appliqué au milieu G de la droite qui joint O et K. D'ailleurs le point G ainsi obtenu doit évidemment être le même que celui qu'on a obtenu ci-dessus par un autre mode de composition. Donc, *le centre de gravité d'un tétraèdre est au milieu de la droite qui joint les milieux de deux arêtes opposées.*

II. Il existe trois droites analogues, joignant les milieux de deux arêtes opposées; ces droites se coupent donc mutuellement en leur milieu; ce qui est en effet un théorème connu de Géométrie.

Si l'on veut vérifier géométriquement que les deux modes de composition des quatre poids P donnent le même point G, on remarquera que si l'on adopte la première, et qu'on mène OG, cette droite sera une médiane du triangle AOD, puisque les droites AI et DH s'y coupent en G proportionnellement. Donc le point K, où OG rencontrera AD, sera le milieu de AD. De plus on aura, en appelant m le point de rencontre de OG avec IH,

$$mG : GK :: IG : GA :: 1 : 3 \quad \text{d'où} \quad mG = \tfrac{1}{3}GK,$$

et par conséquent $\quad mK = mG + GK = \tfrac{4}{3}GK,$

Mais $\quad Om : mK :: OI : ID :: 1 : 2 \quad$ d'où $\quad Om = \tfrac{1}{2}mK = \tfrac{2}{3}GK;$

donc enfin $\quad OG = Om + mG = \tfrac{1}{3}GK + \tfrac{2}{3}GK = GK;$

ainsi le point G est bien le milieu de OK.

133. CENTRE DE GRAVITÉ DU TÉTRAÈDRE TRONQUÉ.

Soit ABCDEF (fig. 60) le tronc du tétraèdre proposé. On démontrerait, par les mêmes considérations qu'au n° **131**, que le centre de gravité doit se trouver sur la droite IH qui joint les centres de gravité des deux bases. Soit G ce point; il reste à déterminer le rapport des longueurs GI et GH, ou ce qui revient au même, le rapport des distances du point G aux plans des deux bases. Appelons x et y ces distances; et soit $x + y = h$ la hauteur du tronc; désignons par B et b ses bases ABC et DEF.

Décomposons le tronc de tétraèdre en trois pyramides triangulaires, comme on le fait pour arriver à la mesure de son volume; et prenons successivement les moments par rapport aux deux bases, en remarquant que les distances des centres de gravité de ces pyramides partielles aux bases DEF et ABC sont respectivement : $\tfrac{1}{4}h$ et $\tfrac{3}{4}h$ pour la pyramide ADEF; $\tfrac{3}{4}h$ et $\tfrac{1}{4}h$ pour la pyramide EABC; $\tfrac{1}{2}h$ et $\tfrac{1}{2}h$ pour la pyramide EFAC, puisque son centre de gravité est au milieu de la droite qui joindrait les milieux des arêtes opposées EF et AC. Nous aurons donc :

$$ABCDEF . x = ADEF . \tfrac{1}{4}h + EABC . \tfrac{3}{4}h + EFAC . \tfrac{1}{2}h$$

ou

$$[1] \qquad ABCDEF . x = \tfrac{1}{12}(b + 3B + 2\sqrt{Bb}) . h^2$$

De même

$$ABCDEF . y = ADEF . \tfrac{3}{4}h + EABC . \tfrac{1}{4}h + EFAC . \tfrac{1}{2}h$$

ou

$$[2] \qquad ABCDEF . y = \tfrac{1}{12}(3b + B + 2\sqrt{Bb}) . h^2.$$

Divisant membre à membre l'égalité [1] par l'égalité [2], on obtient :

$$[3] \qquad \frac{x}{y} = \frac{GI}{GH} = \frac{b + 3B + 2\sqrt{Bb}}{3b + B + 2\sqrt{Bb}}.$$

REMARQUES. I. On pourrait remplacer les bases B et b par les carrés de leurs arêtes homologues, qui leur sont proportionnelles ; en nommant A et a ces arêtes, on aurait

$$[4] \qquad \frac{GI}{GH} = \frac{a^2 + 3A^2 + 2Aa}{3a^2 + A^2 + 2Aa}.$$

II. Quand les deux bases sont infiniment rapprochées, elles diffèrent infiniment peu l'une de l'autre ; et GI est sensiblement égal à GH ; c'est-à-dire que le centre de gravité est alors sensiblement au milieu de la droite qui joint les centres de gravité des deux bases.

C'est ce qui a lieu pour les pyramides tronquées élémentaires considérées au n° **131** (fig. 58).

134. CENTRE DE GRAVITÉ D'UNE PYRAMIDE QUELCONQUE.
Soit SABCDE (fig. 61) la pyramide proposée. Décomposons-la en pyramides triangulaires par les plans diagonaux ASC et ASD. A une distance de la base égale au quart de la hauteur de la pyramide, menons un plan *abcde*, parallèle à cette base. Ce plan contiendra les centres de gravité g, g' g'' des tétraèdres partiels (**131**), et par conséquent le centre de gravité de la pyramide totale (**123**, I). De plus, les points g, g', g'' seront les centres de gravité des triangles *abc*, *acd*, *ade* (**131**, Rem.). Or, les tétraèdres SABC, SACD, SADE, ayant même hauteur, sont entre eux comme leurs bases, ou comme les triangles *abc*, *acd*, *ade*, proportionnels à ces bases. Si donc on supposait appliqués aux points g, g', g'' des poids égaux à ceux des tétraèdres correspondants, ces poids seraient en même temps proportionnels aux aires des triangles *abc*, *acd*, *ade*. Il suit de là que le point d'application de la résultante de ces poids, n'est autre que le centre de gravité du polygone *abcde*. Mais on verrait facilement, par de simples similitudes de triangles, que la droite qui joint le sommet S au centre de gravité de la base ABCDE de la pyramide, passe par les centres de gravité de toutes les sections, telles que *abcde*, parallèles à cette base. Donc enfin : *le centre*

*de gravité d'une pyramide quelconque est sur la droite qui joint le
sommet au centre de gravité de la base, au quart de cette droite à
partir de la base.*

135. CENTRE DE GRAVITÉ DE LA PYRAMIDE TRONQUÉE (à base quelconque). Si l'on décompose le tronc de pyramide en troncs de
tétraèdres, ils auront leurs bases supérieures proportionnelles à
leurs bases inférieures, et en général aux sections faites par un
même plan parallèle aux bases. Il en résulte que le rapport des
distances de leurs centres de gravité aux deux bases sera le
même pour chacun d'eux; et que, par conséquent, leurs
centres de gravité seront dans un même plan parallèle aux
bases, et déterminé par la formule [4] du n° **133**. Le centre de
gravité du tronc de pyramide total sera donc aussi dans ce même
plan.

De plus, les tétraèdres tronqués ayant même hauteur et des
bases proportionnelles sont entre eux comme ces bases, ou
comme les sections faites par le plan qui contient leurs centres
de gravité. Si donc on supposait appliquées en ces centres de
gravité des poids égaux à ceux des tétraèdres tronqués, ils
seraient proportionnels aux sections partielles dont nous parlons. Il en résulte que le centre de gravité du tronc de pyramide
est celui de la section totale. D'ailleurs la droite qui joint les
centres de gravité des deux bases contient ceux de toutes
les sections parallèles. Donc enfin : *le centre de gravité d'un
tronc de pyramide est sur la droite qui joint les centres de gravité des deux bases; et il partage cette droite dans le rapport
déterminé par la formule* [4] *du n°* **133**, *relative au tronc de tétraèdre.*

136. CENTRE DE GRAVITÉ DU CÔNE. Si l'on inscrit et que l'on
circonscrive à la base du cône deux polygones réguliers d'un
même nombre de côtés, et qu'on prenne ces polygones pour
les bases de deux pyramides régulières ayant le même sommet
que le cône, on sait que les volumes de ces pyramides com-
prendront entre eux celui du cône. D'ailleurs, il est aisé de voir
que ces pyramides auront leur centre de gravité au même point,
situé au quart de l'axe à partir de la base. Si donc on multiplie
de plus en plus le nombre des côtés des bases de ces pyramides,

jusqu'à ce que les pyramides elles-mêmes se confondent sensiblement; le cône se confondra avec l'une ou l'autre de ces pyramides, et aura par conséquent son centre de gravité au même point. Ainsi donc : *Le centre de gravité d'un cône est situé sur son axe, au quart de la hauteur à partir de la base.*

157. Centre de gravité du tronc de cône. Le centre de gravité est évidemment sur l'axe (**125**, III); et si l'on appelle x et y ses distances à la base supérieure et à la base inférieure, tout se réduit à trouver le rapport de x à y. Inscrivons et circonscrivons au cône total les mêmes pyramides qu'au numéro précédent, le tronc de cône sera compris entre deux troncs de pyramide régulière, qui auront leurs centres de gravité sur l'axe. Si l'on appelle x' et y' les distances du centre de gravité de la pyramide inscrite aux deux bases, on aura (**135**, **133**).

$$\frac{x'}{y'} = \frac{a^2 + 3A^2 + 2Aa}{3a^2 + A^2 + 2Aa},$$

en appelant a et A les côtés de la base supérieure et de la base inférieure. A ces côtés, on peut substituer les rayons r et R des circonférences circonscrites, c'est-à-dire les rayons des bases du tronc de cône, puisqu'ils sont proportionnels à ces côtés; et on aura

$$\frac{x'}{y'} = \frac{r^2 + 3R^2 + 2Rr}{3r^2 + R^2 + 2Rr}.$$

La formule serait la même pour le tronc de pyramide circonscrit; les deux troncs de pyramide ont donc leur centre de gravité au même point de l'axe; et cela, quel que soit le nombre des côtés des polygones qui leur servent de base.

Or, si l'on multiplie le nombre de ces côtés, les deux troncs de pyramide tendront à se confondre l'un avec l'autre et avec le tronc de cône qui est compris entre les deux. Il faut donc que celui-ci ait son centre de gravité au même point, et qu'on ait

$$\frac{x}{y} = \frac{r^2 + 3R^2 + 2Rr}{3r^2 + R^2 + 2Rr}.$$

Ainsi, *le centre de gravité d'un tronc de cône est situé sur l'axe en un point déterminé par la formule ci-dessus,* qui ne diffère de celle qui est relative au tronc de tétraèdre qu'en ce que les côtés homologues des bases du tétraèdre sont remplacés par les rayons des bases du cône.

158. Dans tout ce qui précède, nous avons toujours supposé qu'il s'agissait d'un corps solide ou d'un système de forme invariable. C'est en effet à ce cas que se rapporte l'origine de la considération du centre de gravité. Mais l'utilité de cette considération dans la Mécanique, a conduit à l'étendre à des systèmes de forme variable, à des liquides, et même à des gaz. On ne peut plus alors imaginer que les poids des différents éléments du système soient réellement remplacés par une force unique appliquée au centre de gravité; cette résultante est purement fictive, mais son emploi permet de simplifier les énoncés et les formules; et c'est uniquement dans ce but qu'on y a recours, sans lui attribuer aucune réalité.

Souvent même on se sert de la notion du centre de gravité dans des questions où la pesanteur ne joue aucun rôle, ou dans des questions où les différents points matériels du système sont à de grandes distances de la surface terrestre. Il eût été préférable, dans ce cas, d'employer une autre expression que celle de *centre de gravité*; mais l'usage ne l'a pas voulu. Pour éviter toute difficulté, on définit alors quelquefois le centre de gravité par l'équation même des moments dans laquelle on remplace les poids par les masses. Mais de plus longs détails sur cet objet seraient ici hors de propos.

159. Lorsque les seules forces extérieures qui agissent sur le système sont les poids de ses différentes parties, la somme des travaux de ces forces s'exprime d'une manière très-simple.

Soit p le poids de l'un des points matériels du système; soit h_0 sa distance initiale à un plan horizontal fixe, que, pour plus de commodité, nous supposerons placé au-dessus de tout le système; et soit h la distance de ce point matériel au même plan à la fin du temps que l'on voudra considérer. Le travail du poids p sera le produit de ce poids par la hauteur verticale que le point matériel a parcourue (80), c'est-à-dire par $h - h_0$, quantité qui sera positive ou négative selon que le point matériel se sera abaissé ou élevé. Le travail de la force p sera donc

$p(h — h_0)$; et, suivant que le point matériel se sera abaissé ou élevé, ce travail sera positif ou négatif.

Pour un second point matériel dont le poids serait p', et les distances initiale et finale au même plan horizontal fixe h'_0 et h', le travail sera de même $p'(h' — h'_0)$. Pour un troisième point matériel, le travail sera $p''(h'' — h''_0)$; et ainsi de suite.

L'expression du travail total T sera donc

$$T = p(h — h_0) + p'(h' — h'_0) + p''(h'' — h''_0) + \text{etc.}$$

ou $\quad T = (ph + p'h' + p''h'' + \text{etc.}) — (ph_0 + p'h'_0 + p''h''_0 + \text{etc.})$

Or, si l'on désigne par P le poids total du système, par H_0 la distance initiale de son centre de gravité au plan horizontal fixe, et par H la distance finale de ce point au même plan, on aura en vertu de la propriété des moments (**116**)

$$PH = ph + p'h' + p''h'' + \text{etc.},$$

et $\quad\quad PH_0 = ph_0 + p'h'_0 + p''h''_0 + \text{etc.}$

Par conséquent

$$T = PH — PH_0 = P(H — H_0).$$

Or, cette quantité serait le travail d'un point matériel pesant dont le poids serait P, et dont les distances initiale et finale au plan horizontal fixe seraient H_0 et H. *Le travail total de la pesanteur sur le système est donc le même que si le poids total était réuni au centre de gravité.*

Ce travail total est le produit du poids total P du système par la distance verticale $H — H_0$ dont le centre de gravité s'est déplacé; et ce travail est positif ou négatif suivant que le centre de gravité s'abaisse ou s'élève.

140. REMARQUES. I. On voit que si le système se compose de plusieurs corps dont les uns s'élèvent, et les autres s'abaissent, il ne sera pas nécessaire d'avoir égard aux mouvements partiels de ces corps pour évaluer le travail total de la pesanteur. Il suffira de connaître le centre de gravité du système dans sa position initiale et dans sa position finale; la distance des deux positions de ce point, estimée dans le sens vertical, et multipliée par la somme totale des poids du système, sera la valeur du travail cherché. Il sera positif si le centre de gravité s'abaisse, et négatif au contraire s'il s'élève.

II. C'est de la même manière qu'on évalue le travail développé dans l'élévation des fardeaux. Si une force F est employée à élever un fardeau dont le poids total est P, à une hauteur H, c'est-à-dire telle que son centre de gravité ait parcouru la distance verticale H; et si l'on suppose d'abord que le transport s'effectue d'un mouvement uniforme; il y aura équilibre entre la force F et les poids des différents éléments du fardeau; la force F sera donc égale et contraire à P, résultante des poids partiels; et il en sera de même du travail de F et du travail de P. Or celui-ci est $-$PH, puisque le centre de gravité *s'élève* d'une hauteur H; donc le travail de F est $+$PH, ou le poids total du fardeau, multiplié par la hauteur verticale dont son centre de gravité s'est élevé.

On démontre, par des considérations qui sortiraient des limites de ce programme, qu'il en serait encore de même si le transport s'effectuait d'un mouvement varié quelconque, si le fardeau, partant avec une vitesse nulle, arrivait à la hauteur H avec une vitesse également nulle.

III. Le théorème démontré au n° 139 ne suppose pas que les points matériels du système soient invariablement liés les uns aux autres. Il s'applique par conséquent à des assemblages quelconques de corps pesants, à des liquides; et même à des gaz.

141. Il arrive fréquemment, dans les applications que l'on fait de ce principe au mouvement des liquides, qu'il y a entre l'espace initial et l'espace final occupé par la masse liquide considérée, une partie commune. Si, par exemple, un liquide qui s'écoule dans un tuyau de forme quelconque, occupait d'abord l'espace ABCD, et occupe en dernier lieu l'espace A'B'C'D', on voit qu'il y a entre ces deux espaces une partie commune A'B'CD. Dans ce cas, l'expression du travail de la pesanteur se simplifie.

Soit P le poids total de la masse liquide considérée; G son centre de gravité, dans sa position initiale, G' son centre de gravité dans sa position finale, H et H' les distances de ces points à un plan horizontal fixe situé au-dessus du système. Soit Q le poids de la partie commune, O son centre de gravité, Z la distance de ce point au plan horizontal fixe ; soit p le poids commun des parties non communes, ABA′B′, et CDC′D′, g et g' les centres de gravité de ces parties non communes, h et h' les distances de ces points au plan horizontal fixe.

Le travail T de la pesanteur, a, comme nous l'avons vu, pour valeur

$$T = P(H' - H) \quad \text{ou} \quad T = PH' - PH.$$

Or, par le théorème des moments (**122**, II) on a

$$PH' = Qz + ph' \quad \text{et} \quad PH = ph + Qz ;$$

par conséquent $PH' - PH = ph' - ph = p(h' - h)$

et, par suite, $\qquad T = p(h' - h),$

c'est-à-dire que, dans ce cas, *le travail de la pesanteur sur la masse considérée, est le produit du poids* p *de l'une quelconque des deux parties non communes à ses deux positions extrêmes, ABA′B′ ou CDC′D′, par la distance verticale des centres de gravité de ces deux parties non communes.*

En d'autres termes, le travail de la pesanteur est le même que si la partie ABA′B′ descendait seule jusqu'en CDC′D′.

§ V. Composition générale des forces appliquées à un corps solide. — Leur réduction à deux forces équivalentes, dont l'une passe par un point donné. — Pour l'équilibre, ces forces doivent être égales et directement contraires, et la somme algébrique des travaux des forces proposées doit être nulle.

142. Considérons un système quelconque de forces appliquées à un corps solide. Désignons par F l'une des forces du système ; et soient A, B, C trois points choisis arbitrairement dans l'intérieur du corps, ou liés invariablement avec lui, mais non situés en ligne droite. Si l'on joint le point d'application de la force F à chacun de ces trois points, on obtiendra trois directions suivant lesquelles on pourra décomposer la force F, par la règle du parallélépipède (**64**) ; et l'on pourra ensuite transporter les trois composantes aux points A, B, C, situés sur leurs directions respectives (**99**).

Ce qu'on vient de faire pour la force F, on pourra le répéter pour les autres forces du système ; et chacune d'elles fournira trois composantes respectivement appliquées aux points A, B, C. (Si le point d'application de l'une des forces du système se trouvait dans le plan des points A, B, C, la décomposition de cette force en trois autres passant respectivement par ces trois points pourrait s'effectuer d'une infinité de manières (65).)

On obtiendra par ce procédé un groupe de forces appliquées en A ; elles se composeront en une seule (68), que nous désignerons par R (fig. 63). On aura un second groupe de forces appliquées en B, et qui se réduiront à une force unique P ; enfin un troisième groupe de forces appliquées en C, et qui se réduiront à une force unique Q. Le système se trouvera donc d'abord réduit à trois forces P, Q, R, appliquées aux trois points A, B, C, choisis arbitrairement dans le corps solide considéré.

Soit maintenant AD l'intersection des plans ABP et ACQ, ou, si ces plans se confondent, soit AD une droite quelconque menée par le point A dans le plan PBACQ. Soit D un point quelconque pris sur la droite AD, dans l'intérieur du corps, ce qui sera toujours possible si le point A est lui-même dans l'intérieur, ou bien qui soit supposé invariablement lié avec le corps.

Joignons BD et CD.

Les trois directions AB, BP et BD étant dans un même plan, la force P pourra être décomposée en deux forces p et p' dirigées suivant BD et AB ou suivant leurs prolongements ; et ces composantes pourront être transportées l'une en D, l'autre en A. De même, les trois directions AC, CQ et CD étant dans un même plan, la force Q pourra être décomposée en deux forces q et q' dirigées suivant CD et AC ou leurs prolongements ; et ces composantes pourront être transportées l'une en D, l'autre en A.

On aura ainsi, en A, trois forces p', q' et R, qui se composeront en une seule S ; et en D, deux forces p et q, qui se composeront en une seule T. La première de ces deux forces sera appliquée au point A que l'on s'est donné arbitrairement dans l'intérieur du corps, ou qui est lié invariablement avec lui.

Donc enfin, *un système quelconque de forces appliquées à un corps solide peut toujours se réduire à deux, S et T, dont l'une, S, passe par un point A donné arbitrairement dans le corps, ou lié invariablement avec lui.*

Remarque. D'après ce qui a été démontré aux n°ˢ **91** et **102**, la somme algébrique des travaux des forces S et T sera égale à la somme des travaux de toutes les forces F du système, ce qu'on peut écrire :

$$\mathfrak{C}S + \mathfrak{C}T = \Sigma\mathfrak{C}F.$$

143. Pour que les forces S et T se fassent équilibre, il faut qu'elles soient égales et directement opposées. Si cette proposition ne paraissait pas évidente, on pourrait la démontrer comme il suit.

S'il y a équilibre, cet état ne sera pas troublé en fixant un des points du système, par exemple le point D. Mais alors l'effet de la force T appliquée en ce point sera complétement détruit, puisque, comme il ne s'agit ici que d'une hypothèse idéale, on peut supposer le point D susceptible d'une résistance indéfinie. Il ne restera alors que la force S, dont l'effet sera de faire tourner le corps autour du point fixe D, à moins que la direction de S ne passe par ce point fixe. Donc la force S est dirigée suivant AD. On démontrerait de même, en fixant le point A, que la force T est dirigée suivant DA. Les deux forces S et T ayant la même direction, elles auront une résultante égale à leur somme algébrique, et qui ne peut être nulle qu'autant que ces deux forces sont égales et de sens contraire. Donc enfin, *si les deux forces* S *et* T *se font équilibre, elles sont égales et directement opposées*.

Remarque. Si les forces S et T sont opposées, elles sont dirigées l'une et l'autre suivant la droite AD qui joint leurs points d'application. Mais alors les trois droites DA, DB, DC, sont dans un même plan qui contiendra les droites AB et AC. La force P sera dans ce plan comme résultante des forces p et p' dirigées suivant BD et AB. La force Q sera aussi dans ce plan comme résultante des forces q et q' dirigées suivant CD et AC. Les forces P et Q seront donc dans un même plan.

Elles ne peuvent être parallèles, égales et de sens contraire ; car, comme elles ne sauraient alors être remplacées par une force unique (**109**, Rem. III), leur effet ne pourrait être détruit par la force R ; et il n'y aurait pas équilibre comme on le suppose.

Elles ont donc une résultante ; et dès lors il faut, pour l'équilibre, que la force R soit égale et opposée à cette résultante. La force R est donc située dans le plan des forces P et Q.

Donc enfin : *si un corps solide est en équilibre sous l'action de trois forces, ces trois forces sont dans un même plan.*

Il en résulte que si elles ne sont pas parallèles, elles doivent concourir toutes trois en un même point.

144. Les forces S et T étant égales et opposées dans le cas de l'équilibre, il en résulte que, dans ce cas, on doit avoir (**61**) .

$$\varepsilon S + \varepsilon T = 0,$$

et, par conséquent aussi (**142**, Rem.)

$$\Sigma \varepsilon F = 0,$$

c'est-à-dire que, *lorsqu'un système quelconque de forces appliquées à un corps solide est en équilibre, la somme algébrique des travaux de ces forces est égale à zéro.*

Remarques. Il ne faut pas perdre de vue que l'idée d'un système de forces en équilibre, appliquées à un corps solide, n'implique nullement la condition que ce corps soit en repos, ni même qu'il soit animé d'un mouvement uniforme; il pourrait être animé d'un mouvement quelconque sous l'action d'un autre système de forces distinctes des premières; et c'est dans cette hypothèse d'un mouvement quelconque, que l'on doit avoir $\Sigma \varepsilon F = 0$ pour les forces en équilibre.

Néanmoins il nous est arrivé, dans le cours de la démonstration, de nous appuyer sur la supposition que le corps était en repos; et cela nous était permis, attendu que si des forces appliquées à un corps en mouvement se font équilibre, elles devraient encore se faire équilibre dans le cas où le corps serait en repos. Ceci est l'analogue de ce qui a été dit au n° **70**, pour l'équilibre d'un système de forces appliquées à un point matériel.

145. L'équation $\Sigma \varepsilon F = 0$ conduit à des conséquences remarquables, que nous allons exposer rapidement; bien qu'elles se rapportent plutôt à la Mécanique des corps libres qu'à celle des machines.

Concevons, dans l'espace, trois axes rectangulaires fixes que nous désignerons par OX, OY, OZ. Appelons X, Y, Z les projections de l'une quelconque F des forces du système sur ces trois axes, ou, ce qui revient au même, ses composantes parallèles à ces axes.

L'équation $\Sigma\varpi F = 0$ devant avoir lieu pour un mouvement quelconque du corps auquel les forces F en équilibre sont appliquées, nous pouvons, par exemple, supposer au mobile un mouvement dans lequel tous les points du corps décriraient, dans un même temps, des chemins rectilignes égaux et parallèles à OX. Un pareil mouvement est ce qu'on nomme un mouvement de *translation* parallèle à OX.

Soit alors ε le chemin élémentaire parcouru dans le sens OX par l'un quelconque des points du corps. Le travail de la force F dans ce mouvement sera εX (**75**). Pour une force F′, dont la composante parallèle à OX serait X′, le travail élémentaire serait $\varepsilon X'$. Pour une force F″, dont la composante parallèle à OX serait X″, le travail élémentaire serait $\varepsilon X''$; et ainsi de suite. L'équation $\Sigma\varpi F = 0$, peut donc alors s'écrire

$$\varepsilon X + \varepsilon X' + \varepsilon X'' + \text{etc.} = 0$$

ou
$$\varepsilon(X + X' + X'' + \text{etc.}) = 0$$

ce qui exige qu'on ait

$$X + X' + X'' + \text{etc.} = 0$$

ou, en abrégeant l'écriture,

$$\Sigma X = 0$$

c'est-à-dire que *la somme algébrique des projections des forces sur l'axe OX doit être nulle.*

Au lieu de considérer un mouvement de translation suivant OX, on aurait pu considérer un mouvement de translation suivant OY, ou suivant OZ ; on eût été conduit à un résultat analogue. Ainsi, dans le cas de l'équilibre, on doit avoir :

$$\Sigma X = 0, \quad \Sigma Y = 0, \quad \Sigma Z = 0$$

c'est-à-dire : que *la somme algébrique des projections des forces sur trois axes rectangulaires doit être nulle séparément pour chacun de ces axes.*

Remarque. Si l'on supposait les forces du système transportées parallèlement à elles-mêmes en un point quelconque de l'espace, leurs projections sur les axes ne changeraient pas ; les trois équations ci-dessus subsisteraient donc encore, mais ces trois équations exprimeraient alors que la résultante des forces ainsi transportées est nulle (**72**).

Par conséquent, *lorsqu'un système de forces appliquées à un corps solide est en équilibre, il en serait encore de même si on transportait ces forces parallèlement à elles-mêmes en un point quelconque de l'espace.*

146. Au lieu de supposer au corps un mouvement de translation suivant l'un des axes, on peut lui supposer un mouvement de *rotation* autour de cet axe.

Dans un pareil mouvement, chaque point du système décrit un arc de cercle dont le plan est perpendiculaire à l'axe de rotation, et qui a son centre sur cet axe. Tous les points situés à la même distance de l'axe, décrivent dans le même temps des arcs égaux ; et ceux qui sont situés à des distances inégales de l'axe, décrivent des arcs proportionnels à ces distances.

Cela posé : soit OX (fig. 64) l'axe de rotation; M l'un des points matériels du système, auquel est appliquée la force F. Par le point M, concevons un plan perpendiculaire à l'axe OX, et coupant cet axe en un point C. Projetons la force F sur ce plan, et soit P sa projection. Du point C abaissons sur la direction de P la perpendiculaire Ca. La force P pourra être regardée comme appliquée au point a, pourvu que les points a et M soient supposés liés invariablement entre eux. Dans le mouvement du corps, le point a décrira un arc ayant le point C pour centre et Ca pour rayon; soit ab l'arc élémentaire décrit dans un temps infiniment court ; sa direction se confondra avec celle de la force P. Le travail élémentaire de P sera donc P $\times ab$. Soit $a'b' = \alpha$ l'arc qui serait décrit dans le même temps par un point a' situé à l'unité de distance de l'axe; on aura, en désignant la perpendiculaire Ca par p,

$$ab : \alpha :: p : 1 \quad \text{d'où} \quad ab = p\alpha,$$

par suite, le travail élémentaire de P aura pour expression P$p\alpha$.

Or, c'est à ce travail élémentaire de P que se réduit celui de la force F; car, on peut supposer la force F décomposée en deux forces rectangulaires dont l'une serait P ; celle-ci étant dans un plan perpendiculaire à l'axe, l'autre composante serait perpendiculaire à ce plan, et par suite à l'arc décrit par le point M; son travail serait donc nul (**77, 90**).

On a donc
$$\mho F = P p \alpha.$$

Pour une force F′ dont la projection sur un plan perpendiculaire à l'axe aurait pour valeur P′ et serait située à la distance p' de cet axe, on aurait de même

$$\mho F' = P' p' \alpha.$$

Pour une force F″, dont la projection P″ sur un plan perpendiculaire à l'axe serait distante de p'' de cet axe, on aurait

$$\mho F'' = P'' p'' \alpha,$$

et ainsi de suite. Il en résulte que l'équation $\Sigma \mho F = 0$, revient dans le cas actuel à

$$P p \alpha + P' p' \alpha + P'' p'' \alpha + \text{etc.} = 0$$

ou à
$$(P p + P' p' + P'' p'' + \text{etc.}) \alpha = 0,$$

ce qui exige qu'on ait

$$P p + P' p' + P'' p'' + \text{etc.} = 0,$$

ou, en abrégeant l'écriture,

$$\Sigma P p = 0.$$

Pour énoncer commodément cette équation, on appelle *moment* d'une force F par rapport à un axe OX, le produit de la projection P de cette force sur un plan perpendiculaire à l'axe, par la distance p de l'axe à cette projection. L'équation peut alors s'énoncer en disant que *la somme des moments des forces, par rapport à l'axe, est égale à zéro*. Cette somme est une somme algébrique; les termes pour lesquels la force P est dans le sens de l'arc élémentaire décrit ab sont positifs (**76**) ; ceux pour lesquels P est de sens contraire à ab sont négatifs; et l'on voit que le moment est positif ou négatif, suivant que la force tend à faire tourner le corps dans un sens ou dans le sens contraire.

Au lieu de considérer un mouvement de rotation autour de OX, on pourrait considérer un mouvement de rotation autour de OY ou bien autour de OZ; on arriverait à un résultat analogue. Ainsi, en désignant par P, Q, R les projections de l'une quelconque F des forces du système sur les plans respectifs YOX, ZOX, XOY, et par p, q, r, les distances respectives de l'origine à ces projections, on devra avoir, dans le cas de l'équilibre,

$$\Sigma P p = 0, \quad \Sigma Q q = 0, \quad \Sigma R r = 0;$$

c'est-à-dire que *la somme algébrique des moments de ces forces par rapport à trois axes rectangulaires doit être nulle, séparément pour chacun de ces axes.*

Remarque. Le moment Pp d'une force par rapport à un axe ne peut être nul que de deux manières : soit pour $P = 0$, c'est-à-dire quand la projection de la force sur un plan perpendiculaire à l'axe est nulle, ou, ce qui revient au même, quand la force est parallèle à l'axe ; soit pour $p = 0$, c'est-à-dire quand la projection de la force sur un plan perpendiculaire à l'axe rencontre cet axe, ce qui exige que l'axe soit rencontré par la force elle-même.

Dans l'un ou l'autre des cas où le moment est nul, la force est donc dans un même plan avec l'axe.

*** 147.** Les équations

$$\Sigma X = 0, \quad \Sigma Y = 0, \quad \Sigma Z = 0,$$
$$\Sigma P p = 0, \quad \Sigma Q q = 0, \quad \Sigma R r = 0,$$

sont ce que l'on appelle les six équations de l'équilibre.

Nous venons de voir qu'elles sont nécessaires, puisque l'équation $\Sigma \varepsilon F = 0$ doit avoir lieu dans un mouvement quelconque, et en particulier dans un mouvement de translation parallèlement à l'un quelconque des axes ou dans un mouvement de rotation autour de l'un quelconque de ces mêmes axes. Nous allons voir que ces conditions sont suffisantes si le corps est solide.

En effet, on a vu (142) que les forces du système peuvent toujours se réduire à deux S et T ; et qu'on avait, pour un mouvement quelconque,

$$\varepsilon S + \varepsilon T = \Sigma \varepsilon F.$$

Les six équations ci-dessus auront donc lieu pour le système des forces S et T, si elles ont lieu pour le système des forces F.

Or, les trois premières expriment que la somme des projections des forces est nulle sur chacun des trois axes, ce qui exige que les forces S et T soient égales, parallèles et de sens contraire.

Les trois dernières expriment que la somme des moments des forces par rapport aux trois axes est nulle pour chacun de ces axes. Or, comme on est le maître de faire passer l'une des forces S ou T par un point donné, on peut, par exemple, faire passer la force S par l'origine. Les moments de cette force, par rapport aux trois axes, seront alors nuls d'eux-mêmes; et, en vertu des trois équations considérées, les moments de la force T par rapport aux mêmes axes devront être également nuls, ce qui exige que la force T soit dans un même plan avec chacun des trois axes (**146**, REM.), condition qui ne peut être remplie qu'autant que cette force passe par l'origine.

Les deux forces S et T, qui sont égales, parallèles et de sens contraire, sont donc en outre directement opposées. Donc elles se font équilibre.

REMARQUE. Les six équations du numéro précédent seraient encore applicables à un système qui ne serait pas solide; car si un pareil système est en équilibre, il le sera *à fortiori* en devenant solide, auquel cas les six équations seront vérifiées.

Mais, dans ce cas, elles ne seraient pas suffisantes; et les conditions de l'équilibre se composeraient d'autant de groupes de six équations pareilles à celles dont il s'agit qu'il y aurait, dans le système total, de corps solides ou de systèmes partiels invariables.

* **148.** I. *Si toutes les forces sont concourantes*, on peut prendre le point de concours pour origine des axes; dès lors les trois dernières équations sont vérifiées d'elles-mêmes; et les conditions d'équilibre se réduisent aux trois premières qui sont, en effet, celles que nous avons obtenues directement au n° **72**.

II. *Si toutes les forces sont parallèles,* on peut prendre l'axe OZ par exemple, parallèle à ces forces; les équations $\Sigma X = 0$, $\Sigma Y = 0$ et $\Sigma Rr = 0$ sont alors satisfaites d'elles-mêmes; et les conditions de l'équilibre se réduisent aux trois autres équations

$$\Sigma Z = 0, \quad \Sigma Pp = 0, \quad \Sigma Qq = 0,$$

c'est-à-dire qu'*il faut que la somme des forces soit nulle, et que la somme de leurs moments par rapport à deux axes tracés dans un plan perpendiculaire à ces forces soit nulle pour chacun de ces axes.* Ces conditions sont identiques à celles que nous avons obtenues directement au n° 118.

III. *Si toutes les forces sont dans un même plan,* on peut prendre ce plan pour le plan YOX par exemple; les équations $\Sigma Z = 0$, $\Sigma Pp = 0$ et $\Sigma Qq = 0$ sont alors satisfaites d'elles-mêmes; et les conditions de l'équilibre se réduisent aux trois autres :

$$\Sigma X = 0, \quad \Sigma Y = 0, \quad \Sigma Rr = 0,$$

c'est-à-dire qu'*il faut que la somme des projections des forces sur deux axes rectangulaires tracés dans leur plan soit nulle pour chacun de ces axes, et que la somme des moments des forces par rapport à un axe quelconque perpendiculaire à leur plan soit égale à zéro.*

IV. *Si toutes les forces, étant situées dans un même plan, sont en même temps parallèles,* on peut prendre ce plan pour le plan YOX, l'axe OY étant parallèle aux forces. On n'a, dans ce cas, que deux conditions d'équilibre, $\Sigma Y = 0$ et $\Sigma Rr = 0$; la première $\Sigma X = 0$ est satisfaite d'elle-même.

* **149.** Lorsque dans le système il y a un point fixe, ce point reçoit du système une certaine action, et exerce en conséquence sur lui une réaction égale et opposée; cette réaction doit être jointe aux autres forces dans les conditions d'équilibre.

Prenons le point fixe pour origine des axes; soit F_1 la réaction de ce point fixe, et X_1, Y_1, Z_1, ses composantes suivant OX, OY, OZ. Les six équations donneront

$$X_1 + \Sigma Z = 0, \; Y_1 + \Sigma Y = 0, \; Z_1 + \Sigma Z = 0$$

et

$$\Sigma Pp = 0, \; \Sigma Qq = 0, \; \Sigma Rr = 0$$

attendu que les moments de F_1 par rapport aux trois axes sont nuls, puisque cette force rencontre ces axes. Les trois premières équations feront connaître X_1, Y_1 et Z_1, et par suite F_1 en intensité et en direction; les trois dernières seront les seules conditions nécessaires pour l'équilibre. Ainsi, *dans le cas où il y a un point fixe dans le système, il faut et il suffit pour l'équilibre que la somme des moments des forces par rapport à trois axes rectangulaires passant par le point fixe soit nulle séparément pour chacun de ces axes.*

* **150.** Le système peut être assujetti à tourner autour d'un axe fixe, avec la faculté de glisser le long de cet axe. Dans ce cas, on peut concevoir qu'il existe sur l'axe deux points fixes, mais qui n'exercent sur le système que des réactions perpendiculaires à cet axe; ces réactions devront être jointes aux autres forces dans les conditions d'équilibre.

Prenons l'axe en question pour l'axe OX, l'un des points fixes pour origine; l'autre sera situé à une distance l sur l'axe. Soient Y_1 et Z_1 les composantes de la réaction du premier point, Y_2 et Z_2 les composantes de la réaction du second (ces réactions n'ont point de composantes suivant l'axe puisqu'elles lui sont perpendiculaires). Les six équations donneront :

$$\Sigma X = 0, \quad Y_1 + Y_2 + \Sigma Y = 0, \quad Z_1 + Z_2 + \Sigma Z = 0$$

$$\Sigma Pp = 0, \quad Z_2 l + \Sigma Qq = 0, \quad Y_2 l + \Sigma Rr = 0.$$

Les cinquième et sixième feront connaître Z_2 et Y_2; les deuxième et troisième donneront ensuite Y_1 et Z_1. Les seules conditions nécessaires pour l'équilibre seront donc la première et la quatrième. C'est-à-dire que, *lorsqu'il y a dans le système un axe autour duquel il est assujetti à tourner, mais le long duquel il peut glisser, il faut et il suffit pour l'équilibre que la somme des projections des forces sur l'axe soit égale à zéro, et que la somme des moments de ces mêmes forces par rapport à ce même axe soit aussi égale à zéro.*

* **151.** Si le système n'a pas la faculté de glisser le long de l'axe, les réactions des deux points fixes ne seront plus perpendiculaires à l'axe; et il faudra aux composantes Y_1, Z_1, Y_2, Z_2 joindre les composantes X_1 et X_2 suivant l'axe. Les moments de ces dernières composantes étant nuls, les cinq dernières équa-

tions resteront les mêmes ; la seule condition d'équilibre sera $\Sigma Pp = 0$, comme tout à l'heure. On tirera des quatre autres, comme ci-dessus, Z_2 et Y_2 puis Y_1 et Z_1. La première des six équations prendra la forme $X_1 + X_2 + \Sigma X = 0$ et fera connaître la somme algébrique de X_1 et de X_2, mais non pas ces deux composantes séparément.

Il est facile de comprendre pourquoi il y a ici indétermination. Supposons, en effet, pour fixer les idées, que l'axe soit posé sur des appuis à ses deux extrémités. S'il y a équilibre, on ne le troublera pas en appliquant à ces deux extrémités deux forces égales et opposées ; les deux forces X_1 et X_2 varieront alors d'une même quantité ; mais leur somme algébrique $X_1 + X_2$ restera la même. L'équilibre ne dépend donc que de cette somme, et non de la grandeur absolue des deux forces qui la composent.

* **152.** Il peut arriver que le système s'appuie contre un plan fixe par un certain nombre de points, avec la faculté de glisser sur ce plan. Dans ce cas, les réactions du plan sur les points de contact sont des forces normales au plan ; car il n'y aurait aucune raison pour qu'il en fût autrement ; si toutefois on regarde les surfaces en contact comme parfaitement incompressibles, et qu'on puisse faire abstraction du frottement. Ces réactions devront être jointes aux autres forces dans les équations d'équilibre.

Prenons le plan fixe pour le plan YOX ; et soient $Z_1, Z_2, Z_3 \ldots, Z_n$, les réactions qu'il exerce aux points de contact, supposés en nombre n. Soient $a_1, a_2, a_3 \ldots, a_n$, les distances de ces réactions à l'axe OY, et $b_1, b_2, b_3, \ldots, b_n$, leurs distances à l'axe OX. Les six équations deviendront :

$$\Sigma X = 0, \quad \Sigma Y = 0, \quad Z_1 + Z_2 + Z_3 \ldots, \; + Z_n + \Sigma Z = 0,$$

$$Z_1 b_1 + Z_2 b_2 \ldots + Z_n b_n + \Sigma Pp = 0, \quad Z_1 a_1 + Z_2 a_2 \ldots + Z_n a_n + \Sigma Qq = 0, \quad \Sigma Rr = 0.$$

Les seules conditions d'équilibre seront les équations :

$$\Sigma X = 0, \quad \Sigma Y = 0, \quad \Sigma Rr = 0.$$

Ces conditions sont celles que nous avons obtenues dans le cas où toutes les forces sont situées dans un même plan (**148**, III). Les autres équations serviront à déterminer trois des quantités Z_1, Z_2, Z_3..., Z_n quand les $n - 3$ restantes seront données. Mais si le signe des valeurs obtenues ne répondait pas à des forces dirigées du plan vers le corps, cela indiquerait qu'on a fait sur la valeur des autres réactions des hypothèses inadmissibles, ou bien que l'équilibre ne peut avoir lieu.

REMARQUES. I. Il y a ici une indétermination, comme dans la question précédente; mais cette indétermination n'existe pas dans la nature. Cela tient à ce que les surfaces en contact sont réellement compressibles, et que leurs réactions dépendant du degré de compression qu'elles éprouvent en chaque point, il y a toujours entre ces réactions inconnues le nombre de relations nécessaires pour les déterminer. On réussit en effet à faire disparaître l'indétermination en faisant une hypothèse sur la loi de compressibilité ; mais cette considération nous entraînerait hors de notre sujet.

L'indétermination n'a pas lieu quand les points de contact sont au nombre de trois seulement; car on a alors trois équations pour déterminer Z_1, Z_2 et Z_3.

II. Les réactions du plan étant normales et de même sens, se composent en une force unique, de même sens et égale à leur somme. Il faut donc pour l'équilibre que les autres forces F du système se composent aussi en une seule, égale et opposée à la résultante de ces réactions. C'est ce qu'expriment les trois premières équations.

La résultante des forces F doit, en outre, remplir une autre condition. Soient A, B, C, D, E, F, G (fig. 65) les points de contact; si l'on mène toutes les droites AC, CD, DE, EG, GA, qui, joignant deux des points de contact, laissent tous les autres d'un même côté, on obtiendra un certain polygone convexe ACDEGA. D'après le procédé indiqué au n° 111 pour la composition des forces parallèles et de même sens, le point d'application de la résultante des réactions normales qui s'exercent aux points A, B, C, D, E, F, G, se trouvera nécessairement dans l'intérieur du polygone ACDEGA. Il faudra donc que la résultante des autres forces du système, laquelle doit être égale et opposée à la résultante des réactions du plan, vienne rencontrer le plan dans l'intérieur du même polygone ACDEGA.

C'est ce qu'on peut déduire de la quatrième équation. En effet, puisqu'en vertu des trois premières le système des forces F peut se réduire à une force unique, ΣPp représente le moment de cette résultante par rapport à l'axe OX. Mais si l'on prend successivement pour l'axe OX les directions AC, CD, DE, EG, GA, tous les points de contact étant situés d'un même côté par rapport à ces directions, les perpendiculaires b_1, b_2, b_3,... b_n seront toutes de même signe, et n'en changeront pas; d'ailleurs les forces Z_1, Z_2, Z_3, ... Z_n sont toutes de même signe et n'en changeront pas non plus. On trouvera donc pour le moment de la résultante par rapport à ces diverses droites des valeurs qui seront toutes de même signe; ce qui indique que la résultante tend à faire tourner le corps dans le même sens, par rapport à toutes ces droites, et ne peut dès lors rencontrer le plan que dans l'intérieur du polygone ACDEGA qu'elles déterminent.

* **155.** C'est ici le lieu de dire un mot sur ce qu'on entend par la *stabilité* dans les constructions.

Dans les différents cas que nous avons considérés jusqu'ici, il suffirait d'une force additionnelle aussi petite que l'on voudra pour troubler l'équilibre. Dans les constructions qui reposent sur le sol, au contraire, on pourrait faire intervenir des forces extérieures autres que le poids des matériaux employés, et faire varier ces forces en direction et en intensité entre des limites souvent fort étendues, sans que l'équilibre cessât d'avoir lieu; et c'est en cela que consiste la *stabilité* que nous recherchons dans les édifices comme une garantie essentielle de sécurité. Cette propriété tient à ce que les réactions du sol peuvent ne pas lui être normales, comme nous le verrons plus loin; et qu'elles sont susceptibles de se modifier d'une manière parfois considérable pour se prêter en quelque sorte au maintien de l'équilibre.

Pour en donner un exemple très-simple, considérons un parallélépipède rectangle de matière solide, dont le rectangle ABCD (fig. 66) représentera une coupe verticale suivant un plan de symétrie. Nous supposerons ce corps engagé d'une petite quantité dans le sol compressible, en sorte qu'il ne puisse glisser le long de AB, mais seulement tourner autour de l'une des arêtes A ou B. Soit P le poids du corps appliqué à son centre de figure O; soit F une force horizontale qu'on peut supposer appliquée en un point H sur la verticale du point O. La force P pouvant être transportée elle-même en H; les deux forces P et F se composeront en une seule qui viendra rencontrer AB en un point K. Il faudra pour l'équilibre que les réactions du sol aient une résultante R, dirigée de K vers H, et égale en intensité à la résultante de P et de F. Cette condition sera d'ailleurs suffisante.

A mesure que l'on augmentera la force F, le point K se rapprochera du point A; la réaction du sol augmentera d'intensité, et s'inclinera de plus en plus; l'équilibre subsistera toujours. Mais si la force F augmentait de telle sorte que le point K dût venir passer à gauche du point A, comme la réaction du sol ne peut s'exercer que dans l'intérieur de la face AB, l'équilibre deviendrait impossible. La limite extrême de la force F correspond donc au cas où le point K, point d'application de la résultante R des réactions du sol, viendrait se confondre avec le point A.

Dans ce cas, on aurait, en prenant les moments par rapport à l'axe A,

$$F \times IH - P \times IA = 0 \quad \text{d'où} \quad F = P \times \frac{IA}{IH}.$$

La force F pourrait donc varier depuis 0 jusqu'à cette valeur sans que l'équilibre fût rompu; et c'est ce que l'expérience confirme.

Le produit $P \times IA$ est ce qu'on nomme le *moment de stabilité* du corps; c'est la valeur que ne doit point dépasser le moment de la force F. Le moment de stabilité d'un parallélépipède rectangle est le plus grand possible quand ce corps repose sur sa plus grande face.

Plus généralement, on appelle moment de stabilité d'un corps reposant sur le sol, le produit de son poids par la distance de la verticale de son centre de gravité à l'arête de sa base qui en est la plus voisine, ou mieux, à l'axe de rotation le plus voisin. Et il faut, pour que la stabilité soit assurée, que ce moment soit supérieur à la différence entre la somme des moments des forces qui tendent à renverser le corps et la somme des moments de celles qui tendent à le retenir.

C'est pour augmenter le moment de stabilité que l'on élargit la base des constructions qui doivent avoir une grande hauteur; le *fruit* que l'on donne aux murs destinés à soutenir des terres, les *contre-forts* dont on garnit les murailles élevées, etc.; ont un but tout à fait semblable.

REMARQUE. Des considérations analogues sont applicables toutes les fois qu'un corps est maintenu en contact par une face plane avec un autre corps, si les matières ne sont pas sensiblement incompressibles.

CHAPITRE V.

MACHINES.

---

§ I. **Utilité de la considération du travail dans les machines.** — Elles ont en général pour but de transmettre, sous certaines conditions, le travail des forces. — Influence des résistances dites *passives* : le travail moteur est toujours plus grand que le travail résistant utile.

154. On donne le nom de *machine* à tout corps, ou assemblage de corps, destiné à transmettre le travail des forces.

Une machine reçoit le mouvement d'un agent quelconque auquel on donne le nom de *moteur*; ce peut être, par exemple, un moteur animé, un cours d'eau, le vent, la vapeur, etc. Nous désignerons par T_m le travail de ce moteur pendant un temps donné quelconque.

La machine reçoit des corps sur lesquels elle est destinée à agir, une certaine réaction, que l'on nomme la *résistance principale*. Nous appellerons T_r la valeur absolue du travail de cette résistance pendant le temps déjà considéré. La machine exerce évidemment sur ces mêmes corps un travail égal et contraire au travail de la résistance principale; c'est le travail qui produit réellement l'effet qu'on se propose; on le nomme *travail utile* ou *effet utile*; nous le désignerons par T_u.

Enfin la machine est soumise encore à d'autres résistances; telles que les réactions des appuis qui supportent ses différentes parties, le frottement des parties mobiles entre elles, la raideur des cordes, c'est-à-dire l'excès de force nécessaire pour les ployer, etc. Ces diverses résistances se nomment *résistances secondaires* ou *passives*; nous désignerons par T_f le travail de ces résistances; lequel comprend aussi le travail moléculaire perdu en chocs qui déforment les pièces, ou en ébranlements qui vont se perdre dans le sol, etc.

Cela posé, supposons que la machine se meuve d'un mouvement uniforme, et que, par conséquent, les diverses forces auxquelles elle est soumise se fassent mutuellement équilibre ; la somme algébrique des travaux de ces forces sera nulle (**144**), et l'on aura, en donnant à chaque travail le signe qui lui convient

$$T_m - T_r - T_f = 0 ;$$

d'où l'on tire
$$T_r = T_m - T_f ;$$

et par suite

[1] $$T_u = T_m - T_f,$$

c'est-à-dire que *le travail utile exercé par la machine est égal au travail moteur qu'elle a reçu, diminué du travail de toutes les résistances secondaires*.

155. S'il n'y avait pas de résistances secondaires, et que, par conséquent leur travail T_f fût nul, l'équation [1] se réduirait à

[2] $$T_u = T_m$$

c'est-à-dire que, dans ce cas, le travail utile exercé par la machine serait précisément égal au travail moteur qu'elle a reçu. Le travail du moteur se trouverait donc *transmis* intégralement, par l'intermédiaire de la machine, aux corps sur lesquels elle est destinée à agir. C'est pourquoi l'on nomme l'équation $\Sigma \varepsilon F = 0$, d'où l'équation [2] a été tirée, *le principe de la transmission du travail*.

En réalité, le terme T_f qui représente le travail des résistances secondaires n'est jamais nul; et l'on déduit de l'équation [1] l'inégalité.

[3] $$T_u < T_m,$$

c'est-à-dire qu'*une machine transmet, en réalité, moins de travail qu'elle n'en a reçu* ; et d'autant moins que le travail des résistances secondaires est plus considérable. Les meilleures machines ne transmettent guère que les trois quarts du travail moteur qu'elles ont reçu, et souvent beaucoup moins.

Cette conséquence est de la plus grande importance dans l'étude des machines ; et il est essentiel de ne jamais oublier que, quelque disposition qu'on adopte, quelque combinaison qu'on imagine, on ne parviendra point à construire une machine qui transmette entièrement le travail moteur qu'elle aura reçu, et qu'il serait absurde d'espérer qu'elle pût en transmettre davantage.

156. Une remarque non moins importante à faire, c'est que, lors même que la machine travaillerait *à vide,* c'est-à-dire lors même qu'elle ne serait destinée à exercer aucune action sur des corps extérieurs, et que, par conséquent, il n'y aurait ni résistance principale, ni travail de cette résistance, il n'en faudrait pas moins exercer un certain travail moteur pour entretenir le mouvement uniforme de la machine. Car le terme T_r étant nul, il resterait dans l'équation [1]

$$0 = T_m - T_f \quad \text{d'où} \quad T_m = T_f,$$

c'est-à-dire qu'il faudrait exercer un travail moteur égal au travail des résistances secondaires, lesquelles peuvent être affaiblies, mais jamais annulées.

On voit quelle est l'illusion de ceux qui cherchent le *mouvement perpétuel*, c'est-à-dire qui se proposent de combiner des corps de telle manière que le mouvement, une fois reçu, s'entretienne indéfiniment de lui-même, et sans l'intervention d'aucun moteur. Et cependant, bon nombre de personnes estimables, mais peu éclairées, perdent encore souvent, à la recherche de cette chimère, leur temps, leur fortune, et parfois leur santé.

157. Puisqu'une machine ne peut transmettre qu'une partie du travail moteur qu'elle a reçu, on pourrait se demander ce que l'on gagne à en faire usage ; et pourquoi on n'emploierait pas directement à l'effet industriel qu'on a en vue le travail moteur dont on peut disposer. La réponse sera facile.

1° Une machine permet de prendre le travail moteur en un point donné, et de le dépenser ou le transmettre en un autre point donné ; ou bien encore de disséminer cette dépense ou cette transmission sur plusieurs points donnés, suivant les exigences d'une fabrication.

2° Une machine permet de faire varier à volonté, ou au moins entre des limites très-étendues, les deux facteurs qui composent le travail, savoir : la force et le chemin décrit (par son point d'application, etc.). On peut, au moyen d'une machine, diminuer, par exemple, le chemin pour augmenter la force; ou diminuer la force pour augmenter le chemin; changer de mille façons la direction de l'un ou de l'autre, pour obtenir l'effet que l'on a en vue.

Pour donner un exemple bien simple de cette transformation du travail, supposons qu'on dispose d'une force de 60 kilogr. dont le point d'application décrive, dans le sens de cette force, un chemin de 50 mètres; ce qui serait facile à réaliser en faisant agir la force tangentiellement à une roue; on aura à sa disposition un travail de 60×50 ou 3000 kilogrammètres. Admettons que, par l'emploi d'une machine, il y ait un tiers de ce travail de perdu, et que la machine ne puisse transmettre que 2000 kilogrammètres. Avec ce travail, on pourra élever un fardeau de

$$500^{kg} \text{ à une hauteur de } 4^m,$$
$$1000^{kg} \qquad\qquad 2^m,$$
$$5000^{kg} \qquad\qquad 0^m,40,$$
$$10000^{kg} \qquad\qquad 0^m,20;$$

ce qui eût été impossible sans le secours d'une machine.

REMARQUES. I. Il est clair que cette augmentation de la force aux dépens du chemin aurait nécessairement une limite ; d'abord parce que les frottements croissent avec les efforts que la machine supporte, comme on le verra bientôt; en second lieu parce que de plus grandes résistances à vaincre obligent à augmenter les dimensions et par suite le poids de certaines parties de la machine, d'où résulte une nouvelle cause d'augmentation des frottements.

Par des raisons analogues, il y aurait aussi une limite à l'augmentation du chemin aux dépens de la force et à la dissémination de la dépense de travail sur un trop grand nombre de points.

II. Ce qui précède doit suffire pour faire comprendre quelle est, dans l'étude des machines, l'importance de la considération du travail.

§ II. Lois expérimentales du frottement : 1° à l'instant du départ ; 2° pendant le mouvement. — Expériences de Coulomb.

158.—Dans la Mécanique abstraite, on suppose les corps solides parfaitement polis et parfaitement durs; on admet en conséquence que, lorsque deux corps solides se touchent, les réactions mutuelles qu'ils exercent l'un sur l'autre sont normales aux surfaces en contact; on ne concevrait pas en effet qu'il en fût autrement dans l'hypothèse dont nous parlons. Mais il n'en est pas ainsi dans la nature. Les corps qui paraissent le mieux polis sont hérissés d'aspérités; et ceux qu'on regarde comme les plus durs sont en réalité compressibles. Il en résulte que, lorsque deux corps sont maintenus en contact par une pression quelconque, les aspérités de la surface de l'un s'engagent entre les aspérités de la surface de l'autre, et que l'on ne peut les faire glisser l'une sur l'autre sans courber ou même arracher complétement ces aspérités. Une autre circonstance s'oppose en outre au glissement; c'est que celui des deux corps dont la surface de contact a la moindre étendue pénètre toujours, en vertu de la pression, d'une petite quantité dans la surface de l'autre, surtout si cette dernière est la plus compressible; en sorte que cette plus petite surface se trouve entourée d'une saillie qu'elle est obligée de refouler devant elle pour pouvoir glisser sur la plus grande.

Par cette double raison, on ne peut faire glisser deux surfaces l'une sur l'autre sans éprouver une résistance. Cette résistance au glissement est ce qu'on nomme le *frottement de première espèce,* ou simplement le *frottement.*

Nous avons tous les jours sous les yeux des effets du frottement très-remarquables, quoique très-vulgaires. C'est au frottement que nous devons de pouvoir marcher sur un sol uni horizontal; il suffit, pour s'en convaincre, de se rappeler la difficulté qu'on éprouve à s'avancer sur une surface très-polie, comme on y est exposé en temps de verglas. C'est le frottement qui retient un clou dans la pièce de bois ou dans le mur où il a été enfoncé. Quand on débouche une bouteille, c'est le frottement que l'on a à vaincre, et ce frottement est souvent considérable, quoique l'une des deux surfaces en contact, celle du verre, soit généralement très-polie. On pourrait citer beaucoup d'autres exemples.

159. Nous venons de donner, pour ainsi dire, la définition physique du frottement; nous allons donner sa définition mécanique.

Pour cela, soit C (fig. 67) un corps en contact par une face plane *ab* avec un plan horizontal AB sur lequel il repose. Si le corps C est animé d'une vitesse horizontale dirigée de A vers B par exemple, il ne tardera pas à la perdre et à s'arrêter; et, pour lui conserver cette vitesse, c'est-à-dire pour entretenir l'uniformité du mouvement, l'expérience prouve qu'il faut appliquer au mobile une force horizontale F dirigée dans le sens du mouvement, et que nous supposerons dans un même plan avec le poids P du mobile.

Le mouvement étant uniforme, les forces auxquelles le mobile est soumis se font équilibre; et, puisque F et P sont dans un même plan, et se rencontrent en un certain point O, attendu que l'une est horizontale et l'autre verticale, il faut que les réactions du plan AB sur la face *ab* aient une résultante R égale et opposée à la résultante de F et de P, et passant conséquemment par leur point de concours O. Cette réaction R est appliquée en un point I de la face *ab*, et elle fait avec IN, normale en ce point au plan AB, un angle NIR du côté opposé au mouvement.

Décomposons la réaction R en deux forces, l'une N normale à AB, l'autre F′ dirigée suivant AB. Cette composante F′ est la force à laquelle on donne le nom de frottement. On appelle *angle du frottement* l'angle NIR que la réaction R fait avec la normale; nous désignerons cet angle par φ. Les forces N et F′ étant les composantes rectangulaires de R, on a

[1] $N = R\cos\varphi$, $F' = R\sin\varphi$,   et $F' = N\tang\varphi$,

ou, si l'on désigne par f la tangente de l'angle, $\tang\varphi$,

[2] $N = \dfrac{R}{\sqrt{1+f^2}}$, $F' = \dfrac{fR}{\sqrt{1+f^2}}$,   et $F' = fN$.

Les trois forces F, P, R étant en équilibre, il en résulte (**72**),

$$N = P \quad \text{et} \quad F' = F.$$

Si les deux corps, au lieu de se toucher par une face plane, étaient en contact par des surfaces courbes quelconques, on pourrait, du moins aux environs du point de contact, substituer à ces surfaces leur plan tangent commun. On verrait comme ci-dessus, que lorsque l'un des deux corps glisse sur l'autre, la réaction de celui-ci est une force oblique au plan tangent et faisant un certain angle avec la normale commune, du côté opposé au mouvement. La composante tangentielle de cette réaction est ce qu'on nomme le frottement, et l'on appelle angle du frottement celui que la réaction elle-même fait avec la normale. En nommant toujours φ cet angle, R la réaction, N sa composante normale et F' le frottement, les formules [1] et [2] subsisteront encore. Nous en ferons bientôt usage.

En résumé, *on appelle* FROTTEMENT *la composante tangentielle de la réaction de deux corps qui glissent l'un sur l'autre; et* L'ANGLE DU FROTTEMENT *est celui que cette réaction fait avec la normale.*

160. Les lois expérimentales du frottement ont été découvertes en 1781 par Coulomb, savant ingénieur français, que ses travaux en Physique ont également rendu célèbre. Voici le procédé qu'il suivait dans ses expériences.

Sur deux pièces de chêne AA' de 12 pieds de long (fig. 68), placées horizontalement, à 3 pouces l'une de l'autre, et solidément établies sur le sol, était fixé un madrier de chêne BB' de 8 pieds de long, sur 16 pouces de large et 3 pouces d'épaisseur, terminé à ses deux bouts par deux taquets. A l'une des extrémités A' des deux pièces de chêne, et dans leur intervalle, était établie une poulie D en bois de gaïac, parfaitement mobile. Sur le madrier BB' on plaçait un traîneau TT (fig. 68 et 69) en bois de chêne, de 18 pouces de large, armé de deux crochets C et C', et garni en dessous de deux liteaux ll' (fig. 69), destinés à emboîter le madrier, à cela près d'un jeu de 2 ou 3 lignes, et à servir ainsi de guide au traîneau. Au crochet C était attachée l'extrémité d'une corde très-mince et très-flexible, qui venait passer sur la poulie D, et portait à son autre extrémité un plateau P destiné à recevoir des poids, et qui pouvait descendre dans un puits creusé au-dessous jusqu'à une profondeur de 4 pieds.

Quand on voulait faire varier les surfaces en contact, on clouait sur le madrier deux règles longitudinales de l'une des matières qu'on voulait expérimenter; deux règles de l'autre matière à éprouver étaient clouées de même sous le traîneau, afin de les faire glisser sur les premières.

L'expérience se faisait de la manière suivante. Le traîneau

étant placé vers l'extrémité B du madrier, on la chargeait d'un poids connu; on chargeait ensuite peu à peu le plateau P jusqu'à ce que le traîneau se détachât de lui-même ou à l'aide d'une légère secousse. On observait sa marche au moyen de divisions tracées sur le côté du madrier; et l'on comptait, à l'aide d'un pendule battant les demi-secondes, le temps qu'il employait à parcourir les deux premiers pieds et ensuite les deux pieds suivants. Un petit treuil placé à l'extrémité A des pièces de chêne, servait à ramener le traîneau à sa place pour recommencer l'expérience.

161. Voici maintenant le parti que l'on pouvait tirer des nombres observés. Coulomb, avec cette espèce d'instinct de la vérité, qui n'appartient qu'aux hommes de génie, soupçonnait que le frottement devait être constant pendant toute la marche du mobile; et, comme celui-ci était sollicité d'une part par la tension de la corde CD, sensiblement égale au poids P du plateau et de sa charge, et retenu d'autre part par le frottement, la résultante de cette tension et du frottement devait être elle-même constante; et le mouvement du traîneau devait être uniformément accéléré (44). C'est ce qu'il s'agissait de vérifier.

Or, soit $e = \frac{1}{2}wt^2$ l'équation du mouvement dans cette hypothèse, et soit $t + t'$ le temps employé, à partir de l'origine du temps, à parcourir l'espace double $2e$, on devra avoir

$$2e = \tfrac{1}{2}w(t + t')^2,$$

par suite

$$\tfrac{1}{2}w(t + t')^2 = 2\tfrac{1}{2}wt^2,$$

d'où

$$t' = t(\sqrt{2} - 1) = 0,414...t.$$

Le temps employé par le traîneau à parcourir les deux derniers pieds devait donc être un peu moindre que la moitié du temps employé à parcourir les deux premiers. C'est ce que l'expérience justifiait sensiblement. Nous disons sensiblement, parce que, ne pouvant apprécier le temps qu'à une demi-seconde près, il devait rester quelque incertitude sur les résultats de l'observation.

Connaissant l'espace total parcouru $2e$ et le temps $t + t'$ employé à le parcourir, on pouvait alors de l'équation ci-dessus du mouvement uniformément accéléré, déduire l'accélération

w. La force produisant cette accélération avait alors pour expression (58)

$$\frac{w}{g} Q,$$

en désignant par Q le poids du traîneau et de sa charge.

Mais cette force accélératrice étant la différence entre le poids P du plateau et de sa charge, et le frottement cherché, que nous représenterons par F, on devait avoir

$$P - F = \frac{w}{g} Q, \quad \text{d'où } F = P - \frac{w}{g} Q.$$

Si E désigne l'espace total parcouru par le traîneau, et T la durée de son mouvement, on a $E = \frac{1}{2} w T^2$, d'où $w = \frac{2E}{T^2}$. Mettant pour w cette expression dans la valeur de F, on obtient

$$F = P - \frac{2E}{gT^2} Q, \quad \text{d'où } \frac{F}{Q} = \frac{P}{Q} - \frac{2E}{gT^2}.$$

(Coulomb calculait le rapport $\frac{Q}{F}$, mais il est plus commode de se servir de son inverse.)

162. Dans les expériences très-nombreuses que Coulomb a faites d'après ce procédé, il a mis à l'épreuve les principales espèces de bois et de métaux employés dans les machines soit à sec, soit avec divers enduits, les cuirs, les pierres, etc. ; l'étendue des surfaces a varié depuis 3 pieds carrés ($0^m,3166$) jusqu'à une simple arête arrondie; les charges du traîneau ont varié depuis 25 livres ($12^{kg},24$) jusqu'à 6588 livres (3224^{kg}); les vitesses seules sont restées comprises dans d'assez étroites limites, et n'ont guère dépassé 1 pied $\frac{1}{2}$ (un demi-mètre environ) par seconde. La comparaison des résultats obtenus a conduit Coulomb aux trois lois fondamentales suivantes.

1° *Le frottement est proportionnel à la pression normale.*

2° *Le frottement est indépendant de l'étendue des surfaces en contact.*

3° *Le frottement est indépendant de la vitesse.*

A ces trois lois, il faut ajouter l'observation importante que, *pendant le mouvement même, le frottement est toujours moindre qu'au départ,* et après un certain temps de repos; surtout lorsque les matières en contact sont très-compressibles.

REMARQUES. I. On a vu au n° **159** que si F désigne le frottement, N la pression normale, φ l'angle du frottement, ou l'angle de la réaction avec la normale, et f la tangente de cet angle, on a

$$F = fN = N\tang\varphi.$$

En vertu des lois du frottement, l'angle φ reste le même pendant toute la durée du mouvement; et il est le même pour les mêmes matières, quelle que soit l'étendue des surfaces en contact et la vitesse du glissement. La tangente f de cet angle constant que la réaction mutuelle des surfaces frottantes fait avec leur normale commune, est ce que l'on nomme le *coefficient du frottement;* c'est le coefficient par lequel il faut multiplier la pression normale pour obtenir le frottement.

II. La seconde loi est naturellement soumise à une restriction. Si l'une des surfaces avait une étendue tellement petite qu'il y eût, en vertu de la pression, une pénétration notable de l'un des corps dans l'autre, le glissement deviendrait impossible; il y aurait arrachement, modification profonde de l'autre surface; et le phénomène ne serait plus soumis aux lois ordinaires du frottement.

III. Coulomb pensait que la troisième loi n'était pas complétement rigoureuse, et que, dans certains cas, le frottement pouvait croître lentement avec la vitesse. Des expériences plus récentes dont nous allons parler ont détruit toute incertitude à cet égard, et confirmé la troisième loi du frottement. L'erreur de Coulomb doit être attribuée au peu d'étendue des variations de la vitesse dans ses expériences, qui ne lui ont pas permis d'en étudier l'influence d'une manière assez certaine.

163. Les expériences de Coulomb ont été reprises, de 1831 à 1834, par M. Morin, qui y a introduit plusieurs perfectionnements importants.

1° Nous venons de voir que la trop faible étendue de la course du traîneau dans les expériences de Coulomb, et par suite le peu de variations de la vitesse, avaient laissé quelque incertitude sur la troisième loi. M. Morin s'est ménagé des courses de 3 à 4 mètres, et a pu faire varier ainsi la vitesse de 0 à $3^m,50$.

2° Coulomb supposait la tension de la corde précisément égale au poids du plateau et de sa charge ; la différence est en effet très-faible ; mais M. Morin a observé directement cette tension en interposant un dynamomètre entre le traîneau et la corde.

3° On a vu plus haut (**161**) comment Coulomb s'assurait que le mouvement du traîneau était uniformément accéléré. M. Morin a remplacé ce moyen assez imparfait par l'observation directe du mouvement de la poulie. Sur l'axe de la poulie, et en dehors des pièces de chêne AA′ de la figure 68, était monté perpendiculairement à l'axe, un petit bras armé à son extrémité d'un pinceau placé parallèlement à l'axe. Parallèlement à la circonférence décrite par le pinceau était placé un plateau circulaire, qui recevait d'un mécanisme d'horlogerie, ou d'un mécanisme à poids et à ailettes, un mouvement parfaitement uniforme autour d'un axe parallèle à celui de la poulie. Pendant le mouvement de celle-ci, le pinceau traçait sur ce plateau une courbe, qui donnait la loi du mouvement du traîneau ; car les angles décrits par le bras portant le pinceau étaient proportionnels aux espaces parcourus par un point quelconque de la circonférence de la poulie, ou, ce qui revient au même, par le traîneau ; et les angles décrits par le plateau étaient proportionnels aux temps. On transformait cette courbe en une autre, rapportée à des axes rectangulaires, et ayant des abscisses proportionnelles aux angles décrits par le petit bras, c'est-à-dire aux espaces, et des ordonnées proportionnelles aux angles décrits par le plateau, c'est-à-dire aux temps. On reconnaissait que cette courbe était une parabole, en menant des tangentes, et en leur élevant à chacune une perpendiculaire par le point où elle rencontrait la tangente au sommet : toutes ces perpendiculaires venaient passer par un même point de l'axe. On était certain par là que les espaces étaient proportionnels aux carrés des temps, et que par conséquent le mouvement était uniformément accéléré. Le reste s'achevait comme au n° **161**.

La nature de cet ouvrage ne nous permet pas d'entrer dans plus de détails sur ce mode d'expérimentation, qu'on trouvera décrit avec tous les développements nécessaires dans les leçons de Mécanique pratique de M. Morin.

4° A cela il faut ajouter plusieurs perfectionnements de détail ; par exemple, pour assurer la direction du traîneau. Enfin la détermination du frottement pour un très-grand nombre de matières qui n'avaient point été expérimentées par Coulomb.

Les expériences de M. Morin ont pleinement confirmé les trois lois énoncées au n° **162**, et cette observation, que le frottement est toujours plus grand au départ que pendant le mouvement même.

REMARQUES. I. Le frottement est d'autant moindre que les surfaces en contact sont mieux polies; cependant pour celles dont le poli est le plus parfait le frottement n'est pas nul. Ainsi, dans les machines neuves, le frottement est toujours plus considérable; mais quand les surfaces se sont naturellement rodées et polies, il atteint un minimum au-dessous duquel il ne peut plus s'abaisser.

II. Les enduits gras diminuent le frottement parce qu'ils isolent pour ainsi dire les corps et que le contact n'a lieu que par l'intermédiaire de l'enduit. Cela peut tenir en même temps à la forme globuleuse qu'on attribue à leurs molécules.

Toutefois, pour qu'ils soient efficaces, il faut que les enduits ne soient pas trop visqueux; lorsqu'ils se sont chargés de molécules arrachées par le frottement, ils se forment parfois en grumeaux durs qui sillonnent les surfaces frottantes, les altèrent, et augmentent le frottement. Les enduits ont besoin, à cause de cela, d'être fréquemment renouvelés. Une autre raison qui rend ce renouvellement nécessaire, c'est que sous de grandes charges les enduits sont promptement expulsés.

164. Tout ce qui précède se rapporte au frottement des surfaces planes dans le mouvement de translation. Mais il était nécessaire de faire des expériences spéciales pour les surfaces courbes, dans le cas surtout où les divers points de l'une d'elles viennent successivement frotter au même point de l'autre, comme cela a lieu pour les tourillons d'une roue par rapport à leurs paliers ou coussinets.

Coulomb a fait ces expériences au moyen de poulies dont il faisait varier les coussinets et les axes. Une corde très-flexible s'enroulant sur la poulie supportait à ses deux extrémités des poids égaux; on ajoutait d'un côté des poids additionnels jusqu'à ce que le mouvement commençât dans le sens de ces poids; on observait le temps employé par le poids ainsi augmenté à parcourir verticalement les trois premiers pieds, puis les trois pieds suivants. On concluait comme plus haut, de cette observation, que le mouvement était uniformément accéléré; et que par suite le frottement restait constant pendant toute la durée du mouvement. Pour trouver son intensité on suivait une marche peu différente de celle qui a été exposée au n° 161, mais que nous ne pouvons faire connaître ici parce qu'elle suppose des principes de Mécanique qui ne font point partie de notre programme.

M. Morin a repris les expériences de Coulomb, en y introduisant des perfectionnements analogues à ceux qu'il avait apportés aux expériences sur le frottement dans le mouvement de translation.

Ces diverses expériences ont fait voir que les lois du frottement sont les mêmes pour les tourillons et coussinets que pour les surfaces planes, sauf de légères différences dans la grandeur du coefficient de frottement.

165. Voici maintenant les résultats moyens des expériences sur le frottement; ils suffiront pour les applications les plus ordinaires; les lecteurs qui désireront plus de détails les trouveront dans les ouvrages spéciaux, et notamment dans les leçons de Mécanique pratique de M. Morin.

NATURE des SURFACES FROTTANTES.	f ou rapport du frottement à la pression normale.	φ ou angle de la réaction avec la normale.
Bois sur bois, à sec	0,36	19°48′ environ.
Id. avec enduit gras	0,07	4° » —
Bois et métaux, à sec	0,42	22° 47′ —
Id. avec enduit gras	0,08	4° 35′ —
Métaux sur métaux, à sec	0,19	10° 46′ —
Id. avec enduit gras	0,09	5° 9′ —
Corde mouillée sur bois	0,33	18° 16′ —
Corde sur fonte, avec enduit gras	0,15	8° 32′ —
Cuir sur bois ou métal, à sec	0,30	16° 42′ —
Id. avec enduit	0,20	11° 19′ —
Fer forgé sur pierre calcaire	0,45	24° 14′ —
Pierre sur bois	0,40	21° 48′ —

Ce tableau se rapporte à la durée du glissement; au départ,

et après un certain temps de repos, le frottement est toujours plus considérable. Mais sa détermination exacte pour ce cas est rarement utile, parce que, dans les machines, il est presque toujours possible d'augmenter assez la force motrice pendant quelques instants pour déterminer le glissement des surfaces ; ce qu'il importe de connaître surtout, c'est donc le frottement pendant le mouvement même.

Pour donner dès à présent un exemple de l'emploi de ce tableau, supposons qu'on demande la force horizontale nécessaire pour faire glisser uniformément sur un plancher horizontal un bloc de pierre pesant 2000 kilog.

On a, dans ce cas, $f = 0,40$.

Par suite $F = 2000^{kg} \times 0,40 = 800^{kg}$.

Il faudrait donc une force constante de 800 kilog. pour entretenir le mouvement uniforme. On voit de plus que la réaction du plancher ferait avec la verticale, en sens contraire du mouvement, un angle d'environ 21° 48′.

166. Nous insisterons, en terminant ce paragraphe, sur cette considération d'une réaction oblique des surfaces, qui est la clef de toutes les questions relatives au frottement.

Supposons d'abord un corps C (fig. 67) simplement posé sur un plan horizontal AB par une face plane *ab*. Il faudra, pour l'équilibre, que la réaction du plan soit égale et opposée au poids P, et par conséquent verticale. Si l'on applique au corps une force horizontale F de plus en plus grande, mais incapable de rompre l'équilibre, la réaction du plan AB s'inclinera en sens inverse du mouvement qui tend à naître, et prendra des positions telles que IR ; son point d'application I se rapprochera de plus en plus du point *b*, et l'angle NIR $= \varphi$ ira en augmentant. Quand la force F aura atteint une certaine limite, les surfaces se détacheront, et le glissement commencera ; la réaction R se rapprochera alors plus ou moins de la normale, attendu que le frottement est moindre pendant le mouvement qu'au moment du départ ; mais elle s'arrêtera à une position qu'elle conservera ensuite pendant toute la durée du mouvement.

Supposons en second lieu qu'il s'agisse, comme dans les expériences sur le frottement des surfaces courbes, d'une poulie reposant par des tourillons cylindriques sur des coussinets également cylindriques. Si l'on suppose que tout soit symétrique par rapport à un plan vertical passant par le milieu de l'axe, les réactions des coussinets sur les tourillons seront deux forces égales et parallèles, qu'on pourra supposer composées en une seule, parallèle à chacune d'elles, égale à leur somme, et agissant dans le plan de symétrie, où agissent aussi les poids appliqués aux extrémités de la corde qui embrasse la poulie. Prenons donc le plan de symétrie pour celui de la figure 70.

Si, aux extrémités de la corde sont appliqués deux poids P égaux entre eux, ils se composeront en une seule force verticale 2P, passant par le point A, le plus bas de la section du coussinet ; et il faudra pour l'équilibre que la résultante R des réactions des coussinets soit verticale, égale à 2P, et passe aussi par le point A.

Si l'on augmente l'un des poids P d'un poids additionnel p, incapable de rompre l'équilibre, la résultante des poids P et P $+ p$ se rapprochera de la force la plus grande P $+ p$; il faudra donc qu'il en soit de même de la réaction R, égale et opposée à cette résultante. Pour cela il faudra que le point de contact du tourillon et du coussinet s'élève, le long de l'arc AB, jusqu'à une position I telle que les distances de ce point aux directions des forces P et P $+ p$ soient en raison inverse de ces forces (**107**).

Si le poids additionnel atteint une certaine limite, l'équilibre sera rompu, et le mouvement naîtra dans le sens de la force P $+ p$. Le point I redescendra alors plus ou moins vers le point A ; l'angle RIN que fait la réaction R avec la normale IN aux surfaces frottantes, diminuera ; mais le point I s'arrêtera à une position qu'il conservera ensuite pendant toute la durée du mouvement ; et l'angle RIN conservera par conséquent aussi une grandeur fixe pendant toute cette durée.

REMARQUE. On a souvent besoin d'exprimer le moment du frottement, par rapport à l'axe C du tourillon, en fonction de la réaction R. Pour cela, on remarque que la composante tangentielle de R, c'est-à-dire le frottement a pour expression (**159**)

$$\text{R} \sin \varphi \quad \text{ou} \quad \frac{f\text{R}}{\sqrt{1+f^2}} \, ;$$

son moment, par rapport à l'axe C, sera donc :

$$R \sin\varphi.\rho \quad \text{ou} \quad \frac{fR}{\sqrt{1+f^2}}.\rho \quad \text{ou encore} \quad \frac{f\rho}{\sqrt{1+f^2}}.R$$

en nommant ρ le rayon IC du tourillon.

On peut remarquer que le multiplicateur de R, dans la dernière expression, représente la distance du point I à la verticale du point A.

§ III. Mouvement uniforme et équilibre d'un corps sur un plan incliné, en supposant ce corps uniquement soumis à l'action de la pesanteur et au frottement du plan.— Cas du mouvement uniformément accéléré.

167. Considérons un corps en équilibre sur un plan incliné, ou animé d'un mouvement uniforme sur ce plan, sous l'action d'une force quelconque F, de son poids P et de la réaction R du plan. Par le centre de gravité du corps concevons un plan vertical parallèle à la ligne de plus grande pente du plan. Soit AB (fig. 71) l'intersection de ce plan vertical avec le plan incliné, soit AC une horizontale, BC une verticale et i l'angle BAC, qui mesure l'inclinaison du plan par rapport à l'horizon.

S'il n'y avait pas de frottement, la force F devrait se trouver dans le plan BAC. En effet, les trois forces F, P, R doivent, pour l'équilibre, être situées dans un même plan (**143**, Rem.), et concourir puisqu'elles ne sont point parallèles. Ce plan doit être vertical puisqu'il contient la force P qui est verticale. Il devrait être normal au plan incliné, puisqu'il contient la force R qui serait alors normale à ce plan incliné. Le plan des trois forces P, Q, R ne serait donc autre chose que le plan BAC, qui est normal au plan incliné, et qui contient la force P.

Dans la réalité, l'équilibre peut avoir lieu sans que la force F soit dans le plan BAC; et l'on trouverait les conditions de l'équilibre d'après les principes posés au n° **152**.

Mais le cas où la force F est dans le plan BAC étant le plus ordinaire, et le seul qu'on rencontre dans les applications, c'est aussi le seul dont nous nous occuperons ici.

168. Soit donc IF la direction de la force F ; soit IV le prolongement de la direction verticale IP ; soit IN perpendiculaire à AB ; ce sera la direction de la normale au plan incliné.

Supposons que le mouvement uniforme ait lieu dans le sens AB ; la réaction R du plan fera un angle NIR $= \varphi$ avec la normale, du côté opposé au mouvement. Enfin, menons IL parallèle à AB ; et désignons par α l'angle FIL.

Les trois forces F, P, R étant en équilibre, chacune d'elles doit être égale et opposée à la résultante des deux autres ; donc, si l'on prend la longueur IV pour représenter l'intensité de la force P, et qu'on achève le parallélogramme IHVR, le côté IH représentera la force F. La construction est, comme on voit, des plus faciles.

REMARQUES. I. La force F est d'autant moindre que le frottement est plus petit ; car, si l'angle RIN va en diminuant, le point H se rapprochera du point I.

II. Pour une même valeur de l'angle φ, la force F sera la plus petite possible quand sa direction sera perpendiculaire à VH ou à IR ; c'est-à-dire quand IF fera, avec le plan AB, un angle égal à l'angle du frottement.

III. Dans le cas où le frottement est supposé nul, si la force F est parallèle à AB, le triangle IVH (fig. 72) devient semblable au triangle ABC ; et l'on a

$$\text{IH : IV :: BC : AB} \quad \text{ou} \quad \text{F : P :: BC : AB,}$$

ce qu'on énonce dans les traités de Statique, en disant que *la puissance est à la résistance comme la hauteur du plan est à sa longueur.*

169. La valeur de F peut aussi être obtenue par le calcul. On a, en effet, dans le triangle IVH (fig 71) :

$$\text{Angle IVH} = \text{VIR} = \text{NIV} + \text{NIR} = \text{BAC} + \text{NIR} = i + \varphi,$$

$$\text{et angle VIH} = \text{NIL} - \text{NIV} - \text{HIL} = 90^{\circ} - i - \alpha ;$$

par suite :

$$\text{VHI} = 180^{\circ} - (i + \varphi) - (90^{\circ} - i - \alpha) = 90^{\circ} - \varphi + \alpha ;$$

donc, $\quad$ IH : IV :: $\sin (i + \varphi) : \sin (90^{\circ} - \varphi + \alpha),$

ou $\quad$ F : P :: $\sin (i + \varphi : \cos (\alpha - \varphi),$

d'où

$$[1] \qquad F = P . \frac{\sin (i + \varphi)}{\cos (\alpha - \varphi)}.$$

En développant, divisant les deux termes du second membre par $\cos \varphi$ et remplaçant $\tan g\,\varphi$ par f, on donne à cette formule la forme

$$[2] \qquad F = P . \frac{\sin i + f \cos i}{\cos \alpha - f \sin \alpha},$$

sous laquelle on la trouve dans les traités ordinaires de Mécanique appliquée, et que nous donnons, à cause de cela, quoiqu'elle soit moins simple que la précédente.

EXEMPLE. Supposons qu'il s'agisse d'un bloc de pierre, pesant 2000^{kg}, montant sur un plan de bois, incliné de 20° à l'horizon, sous l'action d'une force parallèle au plan. On aura $P = 2000^{kg}$; $i = 20°$; $\alpha = 0$; et les tables donnent $\varphi = 21°48'$ (165). On aura dans ce cas :

$$F = 2000^{kg} \frac{\sin (20° + 21°48')}{\cos 21°48'} = 1435^{kg},7.$$

En négligeant le frottement, on aurait seulement

$$F = 2000^{kg} \times \sin 20° = 684^{kg}.$$

On voit que l'erreur serait considérable.

REMARQUE. On vérifie sur ces formules les conséquences particulières indiquées au numéro précédent.

La formule [2] montre que F diminue quand f diminue. La formule [1] montre que le minimum de F, pour une même valeur de φ, répond à $\alpha - \varphi = 0$ ou $\alpha = \varphi$; d'où il résulte que IF est perpendiculaire à IR. Enfin, pour $\varphi = 0$ et $\alpha = 0$, on a

$$F = P \sin i = P . \frac{BC}{AB}, \quad \text{d'où} \quad F : P :: BC : AB,$$

comme nous l'avons trouvé plus haut.

170. Si l'on veut comparer le travail de F au travail de P, on remarquera que, comme le mouvement a lieu dans la direction AB, il suffit, pour avoir les travaux de ces forces, de les projeter sur cette direction et de multiplier les projections obte-

nues par le chemin décrit suivant AB; d'où il résulte que les travaux de ces forces sont entre eux comme leurs projections. Or, la projection de IH sur AB est égale à la somme des projections de IV et de VH, on a donc

$$\mathfrak{T}F = \mathfrak{T}P + \mathfrak{T}R,$$

comme on aurait pu d'ailleurs le déduire du théorème général du n° **144**; d'où il résulte :

$$\mathfrak{T}F > \mathfrak{T}P,$$

c'est-à-dire que *le travail moteur est plus grand que le travail utile*. Le travail de F surpasse d'autant plus le travail de P que VH ou IR sont plus inclinés ou que le frottement est plus considérable.

171. Considérons maintenant le cas où le mouvement uniforme a lieu dans le sens BA, et où la force F n'est employée qu'à empêcher la vitesse de s'accélérer.

Dans ce cas, la réaction R passe de l'autre côté de la normale, puisque l'angle qu'elle fait avec elle doit toujours être situé du côté opposé au mouvement. Il peut alors se présenter trois cas.

1° Si l'inclinaison i est plus grande que l'angle du frottement, ou, ce qui revient au même, si l'angle NIV (fig. 73) est plus grand que l'angle NIR, la réaction est dirigée dans l'angle NIV, suivant une droite IR; et si l'on applique la construction du n° **168**, on obtient pour représenter la force F une longueur IH ordinairement très-faible.

2° Si l'inclinaison i est égale à l'angle du frottement, la direction de R se confond avec la verticale IV, et la force F est nulle; c'est-à-dire que l'équilibre subsiste de lui-même entre P et R sans l'intervention d'une troisième force.

3° Si l'inclinaison i est moindre que l'angle du frottement, NIV est moindre que NIR'; la force R' passe de l'autre côté de la verticale; et en appliquant toujours la construction du n° **168**, on obtient pour représenter la force F une longueur IH' de sens contraire à IH. Ainsi, dans ce cas, non-seulement il n'est pas nécessaire d'empêcher le mouvement de s'accélérer, mais il faut même une force de sens contraire à celles qu'on a considérées dans les cas précédents, pour maintenir le mouvement uniforme, et l'empêcher de se ralentir.

Toutes ces conséquences peuvent également être déduites des formules [1] et [2] du n° précédent, qui deviennent

$$F = P \cdot \frac{\sin(i - \varphi)}{\cos(\alpha + \varphi)} \quad \text{et} \quad F = P \cdot \frac{\sin i - f \cos i}{\cos \alpha + f \sin \alpha},$$

et ne diffèrent des précédentes que par le signe de l'angle φ ou du coefficient f du frottement.

Si, par exemple, on suppose comme au n° **169**, qu'on ait :

$$P = 2000^{kg}; \quad \varphi = 21^0 48'; \quad \alpha = 0 \quad \text{et} \quad i = 20^0,$$

on trouvera pour F une valeur négative,

$$F = -2000^{kg} \cdot \frac{\sin 1^0 48'}{\cos 21^0 48'} = -67^{kg},66,$$

c'est-à-dire qu'il faudrait appliquer au bloc de pierre, parallèlement au plan, une force de $67^{kg},66$ pour l'obliger à descendre d'un mouvement uniforme.

Avec $i = 22^0$, on aurait pour F la valeur positive

$$F = +2000^{kg} \cdot \frac{\sin 12'}{\cos 21^0 48'} = +7^{kg},5 \ldots$$

c'est-à-dire qu'il suffirait d'une force de $7^{kg},5$ parallèle au plan, dirigée de bas en haut pour retenir le bloc et empêcher son mouvement de s'accélérer.

REMARQUE. Dans le cas où l'on a $i < \varphi$, si l'on appelle toujours F la force nécessaire pour entretenir le mouvement uniforme ascendant, et qu'on nomme F′ la force nécessaire pour entretenir le mouvement uniforme descendant, on trouvera :

$$\frac{F}{F'} = \frac{\sin(i + \varphi)}{\sin(i - \varphi)} \cdot \frac{\cos(\alpha + \varphi)}{\cos(\alpha - \varphi)}.$$

Et dans le cas où F et F′ sont parallèles à AB, c'est-à-dire où l'on a $\alpha = 0$,

$$\frac{F}{F'} = \frac{\sin(i + \varphi)}{\sin(i - \varphi)}$$

on a donc toujours $F > F'$. Les deux forces ne sont égales que pour $\varphi = 0$, c'est-à-dire quand il n'y a pas de frottement.

172. Quand on n'applique au mobile aucune force motrice F,

l'équilibre statique ne peut avoir lieu que si R est égal et opposé
à P; ce qui exige que l'angle NIV ou i (fig. 73) ne soit pas
plus grand que NIR ou φ, ou, en d'autres termes, que l'inclinaison du plan ne soit pas supérieure à l'angle du frottement.
Mais i peut être moindre que φ, parce que la réaction R se mo-
difie de manière à rester égale et opposée à P.

Quant au mouvement uniforme, il ne peut subsister que pour
$i = \varphi$, c'est-à-dire quand l'inclinaison du plan est précisément
égale à l'angle du frottement. En effet l'angle φ n'est inférieur
à la valeur donnée dans les tables que lorsque les surfaces en
contact ne glissent pas; dès qu'il y a glissement, cet angle prend
la valeur des tables et la conserve quel que soit le mouvement.
Or, si i diffère de φ, les forces R et P ne sont plus directement
égales et opposées; elles ne se font plus équilibre, et le mouvement ne peut plus être uniforme.

175. Continuons l'examen des cas où l'on n'applique aucune
force F au mobile. Soit $i > \varphi$, et considérons d'abord le cas où
le mobile descend le long de BA sans vitesse initiale.

La force qui sollicite le mobile dans la direction BA est la
somme algébrique des projections de P et de R sur cette direction; en la nommant X, on a donc

$$X = P \sin i - R \sin \varphi.$$

D'un autre côté, comme le mobile n'a aucun mouvement
dans le sens perpendiculaire au plan, c'est qu'il n'est sollicité
par aucune force dans cette direction, et que, par conséquent,
la somme algébrique des projections de P et de R dans ce sens
est nulle, et qu'on a

$$0 = P \cos i - R \cos \varphi,$$

d'où l'on tire
$$R = P \frac{\cos i}{\cos \varphi}$$

et par suite

$$X = P \sin i - \frac{P \cos i . \sin \varphi}{\cos \varphi} = P . \frac{\sin(i - \varphi)}{\cos \varphi}.$$

Cette force étant constante, le mouvement est uniformément
varié; et, comme nous supposons le mobile sans vitesse initiale,
le mouvement est uniformément accéléré. Soit w l'accélération;

on aura (58) en appelant m la masse du mobile, c'est-à-dire le quotient $\dfrac{P}{g}$

$$w = \frac{X}{m}, \text{ ou } w = g\,\frac{X}{P}, \text{ ou enfin } w = g \cdot \frac{\sin(i - \varphi)}{\cos \varphi}.$$

Les équations du mouvement sont donc (22), en désignant par x la distance parcourue dans le sens de BA, au bout du temps t, à partir de la position initiale du mobile, et par v la vitesse au bout de ce temps

$$[1] \qquad e = \tfrac{1}{2} g \frac{\sin(i - \varphi)}{\cos \varphi} \cdot t^2 \quad \text{et} \quad v = g \frac{\sin(i - \varphi)}{\cos \varphi} \cdot t. \qquad [2]$$

En comparant ces formules à celles de la chute des corps dans le vide (25), on voit que l'accélération, la vitesse, l'espace sont diminués dans le rapport de $\sin(i - \varphi)$ à $\cos \varphi$. La nature du mouvement demeurant du reste la même, le plan incliné offre un moyen commode d'étudier les lois du mouvement des corps pesants, et c'est de cette manière en effet qu'ont été faites les célèbres expériences de Galilée sur la chute des graves, expériences qui peuvent être regardées comme le point de départ de la Physique moderne.

174. Le mouvement que nous étudions offre plusieurs propriétés curieuses.

I. Si l'on prend une verticale quelconque BH (fig. 74); que sur cette droite on décrive un segment capable de l'angle $90^\circ + \varphi$; puis, qu'on imagine différents plans inclinés perpendiculaires au plan de la figure, et qui, partant du point B, viendraient tous aboutir en des points A, A', A'', etc., pris sur le segment décrit; toutes les longueurs BA, BA', BA'', etc., BH seraient parcourues dans le même temps par un mobile abandonné à lui-même au point B sans vitesse initiale, sous la seule action de la pesanteur et du frottement.

En effet: on a $\quad$ BAH $= 90^\circ + \varphi$; ABH $= 90^\circ - i$,

par suite $\quad$ AHB $= 180^\circ - (90^\circ + \varphi) - (90^\circ - i) = i - \varphi$.

On peut donc écrire

$$\mathrm{AB} : \mathrm{BH} :: \sin(i - \varphi) : \sin(90^\circ + \varphi),$$

d'où
$$AB = BH \cdot \frac{\sin(i - \varphi)}{\cos \varphi}.$$

Si l'on met pour e cette valeur dans l'équation (1) du numéro précédent, il vient

$$BH = \tfrac{1}{2}gt^2 \quad \text{d'où} \quad t = \sqrt{\frac{2BH}{g}},$$

quantité indépendante de i, et qui convient par conséquent à tous les plans représentés par BA, BA', BA'', etc.

II. Si BH (fig. 75) est une verticale quelconque; que, par le point H, on mène une droite HA faisant avec BH un angle AHB égal à $90° + \varphi$; puis, que par le point B on imagine divers plans inclinés, perpendiculaires au plan de la figure, et représentés par les droites BA, BA', BA'', etc.; un mobile partant du point B, sans vitesse initiale, arrivera avec la même vitesse, soit en A, soit en A', soit en A'', etc., soit en H.

En effet : des formules $e = \tfrac{1}{2}wt^2$ et $v = wt$ on tire en général

$$e = \frac{v^2}{2w} \quad \text{ou} \quad v = \sqrt{2w.e}.$$

Dans le cas du plan incliné, on a donc, au bas du plan

$$v = \sqrt{2g\frac{\sin(i-\varphi)}{\cos \varphi}.l}$$

en appelant l la longueur du plan.

Or le triangle ABH (fig. 75) donne

$$AB : BH :: \sin AHB : \sin BAH :: \sin(90° + \varphi) : \sin(i - \varphi),$$

d'où
$$AB = BH \cdot \frac{\cos \varphi}{\sin(i - \varphi)}.$$

Si l'on met pour l cette valeur dans l'expression ci-dessus de la vitesse au bas du plan, on trouve

$$v = \sqrt{2g.BH},$$

quantité indépendante de i, et qui convient par conséquent aux points A, A', A'', etc., et H indifféremment.

175. Supposons maintenant que le mouvement soit ascendant, l'accélération sera négative; et, comme le frottement

changera de sens, ce qui revient à changer le signe de φ, on aura pour la valeur de cette quantité

$$-g\,\frac{\sin(i+\varphi)}{\cos\varphi}.$$

Les équations du mouvement uniformément retardé sont en général

$$e=v_0 t-\tfrac{1}{2}wt^2\quad\text{et}\quad v=v_0-wt.$$

La vitesse devient nulle pour $t=\dfrac{v_0}{w}$, ce qui donne

$$e=\frac{\tfrac{1}{2}v_0^2}{2w}.$$

On aura donc, dans le cas actuel,

$$l=\frac{v_0^2}{2g}\cdot\frac{\cos\varphi}{\sin(i+\varphi)},$$

pour la distance à laquelle le mobile parviendra sur le plan avant de redescendre.

Par exemple, si l'on suppose toujours $\varphi=21°\,48'$; $i=20°$; $\alpha=0$; et de plus $v_0=4^m$, on aura

$$l=\frac{16^{m\cdot c}}{2.9,8088}\cdot\frac{\cos 21°\,48'}{\sin 41°\,48'}=1^m,136.$$

La vitesse que le mobile acquerra en redescendant ensuite l'espace l sera fournie par les formules du n° **173**, qui donnent :

$$v=\sqrt{2g.e.\frac{\sin(i-\varphi)}{\cos\varphi}},$$

expression dans laquelle il reste à mettre pour e la valeur de l trouvée ci-dessus; on obtient ainsi :

$$v=\sqrt{2g.\frac{v_0^2}{2g}\cdot\frac{\cos\varphi}{\sin(i+\varphi)}\cdot\frac{\sin(i-\varphi)}{\cos\varphi}},$$

ou

$$v=v_0\sqrt{\frac{\sin(i-\varphi)}{\sin(i+\varphi)}}.$$

Ainsi le mobile ne reviendra pas au point de départ avec la même vitesse; elle sera diminuée dans le rapport de la racine carrée de sin $(i-\varphi)$ à la racine carrée de sin $(i+\varphi)$. Elle ne redeviendrait la même au retour que si l'on avait $\varphi = 0$, c'est-à-dire s'il n'y avait pas de frottement.

176. Soit maintenant $i < \varphi$, et supposons le mouvement descendant. En reprenant les calculs du n° **173**, on trouvera encore

$$w = g . \frac{\sin(i-\varphi)}{\cos \varphi} ;$$

mais cette quantité est alors négative, puisque i est moindre que φ; ainsi, dans ce cas, le mouvement descendant lui-même sera uniformément retardé.

Seulement la valeur absolue de l'accélération dans ce cas est moindre que dans le mouvement ascendant, où elle a pour expression

$$g . \frac{\sin(i+\varphi)}{\cos \varphi} .$$

Le mobile parcourra donc, avant de s'arrêter, un plus long espace en descendant qu'en montant.

Cet espace aura pour expression

$$l = \frac{v_0^2}{2g} . \frac{\cos \varphi}{\sin(\varphi - i)} .$$

En conservant les données $\varphi = 21° 48'$, $i = 20°$, $\alpha = 0$ et $v = 4^m$, on trouvera :

$$l = \frac{16^{mq}}{2 . 9,8088} . \frac{\cos 21° 48'}{\sin 1° 48'} = 24^m,096 .$$

Sur ce même plan, le mobile parcourrait donc $24^m,096$ en descendant avant de s'arrêter, tandis qu'il ne parcourrait, comme nous l'avons vu plus haut, que $1^m,136$ en montant.

Mais, dans les deux cas, il s'arrêtera quand la vitesse sera devenue nulle, et il ne reviendra plus vers le point de départ. En effet, pour produire le mouvement descendant, il faudrait que la composante de P suivant le plan fût plus grande que la composante de la réaction R suivant la même direction.

Or, on a toujours, dans le cas où F est nul (**173**)

$$P \cos i = R \cos \varphi .$$

D'ailleurs, dans le cas actuel, on a $i < \varphi$

et par conséquent $\quad \tan g\, i < \tan g\, \varphi$

d'où, en multipliant membre à membre avec l'équation ci-dessus,

$$P \sin i < R \sin \varphi,$$

ce qui démontre que la composante de P suivant le plan est au contraire moindre que la composante de R suivant la même direction. Le mouvement une fois arrêté ne peut donc pas renaître de lui-même.

§ IV. **Équilibre du levier.** — **Des balances. Conditions à remplir pour qu'elles ne soient ni folles ni paresseuses. Mesure de leur sensibilité.**

177. LEVIER. On donne, en général, le nom de *levier* à un corps solide de forme quelconque, mobile autour d'un point fixe, et auquel sont appliquées deux forces, l'une mouvante, l'autre résistante. Le plus souvent la forme du levier est celle d'une barre, droite ou courbe, AB (fig. 76).

On distingue trois espèces de leviers : 1° Si le point fixe O se trouve entre les points d'applications A et B de la force mouvante F et de la force résistante P, le levier est dit du *premier genre*; 2° Si le point d'application B de la force résistante est situé entre le point fixe O et le point d'application A de la force mouvante, le levier est dit du *second genre*; 3° Si le point d'application A de la force mouvante est situé entre le point fixe O et le point d'application B de la force résistante, le levier est dit du *troisième genre*.

Ainsi la balance est un levier du premier genre. La pince, qu'emploient les tailleurs de pierre pour soulever les blocs, leur sert comme levier du second genre. La pédale, dont on fait usage dans diverses professions, est employée comme levier du troisième genre.

Mais les trois cas peuvent être réunis dans une même théorie.

178. Quand le point fixe est bien déterminé, et qu'on néglige le poids du levier lui-même, on détermine facilement les conditions que doivent remplir les forces F et P pour qu'il y ait équilibre.

En effet : soit R la réaction exercée sur le levier par le corps fixe sur lequel il s'appuie. Les trois forces F, P, R devant se faire équilibre, *il faut* d'abord *qu'elles soient dans un même plan* (**143**, Rem.). Si donc on conçoit que l'on ait mené par le point fixe O un axe perpendiculaire à ce plan, la somme algébrique des moments des trois forces par rapport à cet axe devra être nulle (**146**); or, la force R rencontrant l'axe puisqu'elle passe par le point fixe O, son moment est nul; il faut donc que la somme algébrique des moments des deux autres forces F et P soit nulle; ce qui exige *qu'elles tendent à faire tourner le corps en sens contraire*. Si maintenant Oa et Ob sont les perpendiculaires abaissées du point O sur les directions des forces F et P, comme ces forces sont dans un plan perpendiculaire à l'axe, et se confondent par conséquent avec leurs projections sur ce plan, leurs moments seront F$\times$Oa et P$\times$Ob en valeur absolue; et l'on devra avoir :

$$[1] \qquad F \times Oa - P \times Ob = 0 \quad \text{d'où} \quad F : P :: Ob : Oa,$$

c'est-à-dire que *les forces* F *et* P *doivent être en raison inverse de leurs distances au point fixe.*

Il faut donc, en résumé, pour l'équilibre : 1° *que les forces* F *et* P *soient dans un même plan avec le point fixe*; 2° *qu'elles tendent à faire tourner le corps en sens contraire*; 3° *qu'elles soient en raison inverse de leurs distances au point fixe.*

179. Ordinairement la force P est donnée en direction et en intensité, la force F n'est donnée qu'en direction, et la force R est inconnue. On sait seulement qu'elle passe par le point fixe. On déterminera l'intensité de la force F par la proportion [1]. On obtiendra ensuite la force R en remarquant qu'elle doit être égale et opposée à la résultante de F et de P.

Cette résultante des forces F et P, égale et opposée à la réaction R, est ce qu'on nomme *la charge du point d'appui* O.

Remarque. Si les conditions d'équilibre sont remplies, il résulte de la proportion [1] que le point O est situé sur la direction de la résultante des forces F et P (**106**).

180. Il arrive fréquemment que les deux forces F et P, et le point fixe O sont situés dans un même plan vertical. On peut alors tenir facilement compte du poids du levier. Pour cela, on commence par composer ce poids avec la force résistante donnée P; leur résultante, que nous nommerons P′, rencontre le levier en un point où l'on peut la supposer appliquée; on n'a plus, par conséquent, à considérer que trois forces, P′, F et la réaction R; ce qui rentre dans le cas traité précédemment.

181. REMARQUE. Pour que la théorie qui précède soit rigoureusement applicable, il est nécessaire d'abord qu'il y ait réellement un point fixe, et en second lieu, que sa position soit parfaitement déterminée. Or, c'est ce qui n'arrive pas en général. La surface de contact entre le levier et son appui peut avoir assez d'étendue pour ne plus pouvoir être assimilée à un point fixe; et il peut se faire que le point de contact change avec l'inclinaison du levier.

En outre, le levier peut tendre à glisser sur son appui, et il en résulte un frottement qu'il n'est pas toujours permis de négliger. Il faut, dans ce cas, pour l'équilibre, indépendamment des trois conditions énoncées au n° **178**, que la résultante des forces F et P soit normale aux surfaces de contact s'il n'y a pas de frottement, ou qu'elle fasse avec cette normale, si le frottement n'est pas négligeable, un angle au plus égal à celui des tables, et du côté opposé au mouvement qui tend à naître.

Toutefois, comme une théorie plus complète aurait peu d'utilité, on peut s'en tenir à celle qui précède, pourvu qu'on ne perde pas de vue les restrictions dont nous venons de parler.

182. BALANCES. La balance ordinaire (fig. 77) est un levier du premier genre auquel sont appliquées deux forces verticales également distantes du point fixe. Ces forces sont les poids placés dans les coupes, augmentés du poids des coupes elles-mêmes.

Pour que ces deux forces se fassent équilibre, sans que le fléau de la balance quitte sa position horizontale, il faut évidemment qu'elles soient égales (**178**), et c'est sur cette condition qu'est fondé l'usage de cet instrument de mesure.

Ceci suppose qu'on puisse se dispenser d'avoir égard au poids du fléau; pour cela, il faut que le moment de ce poids, par rapport au point fixe, soit nul, et que, par conséquent, le centre de gravité du fléau soit dans la verticale du point fixe. On satisfait à cette condition en rendant les deux bras du fléau parfaitement égaux entre eux (ce qui, toutefois, présente dans l'exécution de très-grandes difficultés).

183. Pour qu'une balance soit juste, il ne suffit pas que deux poids égaux s'y fassent équilibre; il faut encore que l'inégalité des poids entraîne la rupture de l'équilibre. Pour cela, il faut que le fléau n'éprouve aucune résistance dans sa rotation autour du point fixe; c'est-à-dire qu'il ne s'exerce aucun frottement entre les tourillons du fléau et les coussinets sur lesquels ils reposent; car ce frottement rendrait l'équilibre possible avec une inégalité de poids d'autant plus grande qu'il serait lui-même plus considérable.

Dans les balances de précision, on remplace les tourillons par des couteaux d'acier à arête mousse, dont la tranche repose sur des plans d'acier ou d'agate (voy. la fig. 78). On atténue de cette manière, autant qu'il est possible, l'influence du frottement.

184. Indépendamment de ces conditions et de ces dispositions qui se rapportent à la justesse de la balance, il en est d'autres qui concernent sa sensibilité.

Nous avons dit que, dans la position horizontale du fléau, son centre de gravité doit se trouver dans la verticale du point de suspension, ou plus exactement dans le plan vertical mené par l'arête des couteaux. Mais il pourrait se trouver soit au-dessus de cette arête, soit sur l'arête même, soit au-dessous.

Dans le premier cas (fig. 79), l'équilibre serait ce qu'on appelle *instable*; c'est-à-dire que, pour peu qu'on dérangeât le fléau de sa position horizontale, il s'en écarterait de plus en plus. En effet, le poids du fléau pouvant être considéré comme appliqué à son centre de gravité G, on voit que si ce point est écarté de la verticale jusqu'en G' par un petit mouvement du fléau, il descendra, et l'action de la pesanteur tendant à l'abaisser de plus en plus, le fléau tendra à faire un demi-tour complet autour de l'axe de suspension O. On aurait dans ce cas ce qu'on nomme une *balance folle*.

Dans le second cas, le poids du fléau pouvant être regardé comme appliqué sur l'axe de suspension, la balance resterait en équilibre dans toutes les positions du fléau, sous l'action de deux poids égaux placés dans les coupes. On aurait alors une *balance indifférente* dont le vice consiste en ce qu'une très-faible inégalité entre les poids suffirait pour faire basculer le fléau jusqu'à venir prendre une position verticale.

Dans le troisième cas, au contraire, c'est-à-dire si le centre de gravité du fléau est situé au-dessous de l'axe de suspension (fig. 80), l'équilibre sera *stable,* c'est-à-dire que si le fléau est écarté de sa position horizontale, il tendra à y revenir. En effet, le poids du fléau étant toujours considéré comme appliqué à son centre de gravité G, si ce point est écarté de la verticale jusqu'en G' par un petit mouvement du fléau, il s'élèvera; mais la pesanteur tendant toujours à le faire descendre, le fléau tendra à revenir à sa position primitive, et y reviendra en effet par une suite d'oscillations.

C'est donc cette troisième disposition qu'il convient d'adopter.

185. Mais il ne faut pas que le centre de gravité du fléau soit situé à une trop grande distance au-dessous de l'axe de suspension; car on aurait alors une *balance paresseuse,* ou peu sensible. Il est facile de s'en rendre compte.

En effet, supposons les points de suspension A et B des coupes, placés sur une horizontale passant par le point de suspension O (fig. 80), ou, plus exactement, par le milieu de l'axe de suspension; nous verrons tout à l'heure l'utilité de cette disposition. Supposons qu'en A soit appliqué un poids P, et en B un poids $P+p$; soit q le poids du fléau, qui pourra être regardé comme appliqué en G.

L'excès de poids p appliqué en B fera d'abord baisser le bras OB du fléau; mais si cet excès n'est pas trop considérable, le fléau ne tardera pas à atteindre une certaine position A'B', où il finira par demeurer en équilibre après quelques oscillations; et cette position est facile à déterminer. Soit G' la nouvelle position du point G; menons l'horizontale G'I et les verticales A'C, B'D. En prenant les moments des forces par rapport au point O, et ayant égard au sens de la rotation que chaque force tend à produire, on devra avoir

$$[1] \qquad (P+p).OD = P.OC + q.G'I.$$

Mais A'OB' étant une ligne droite, ainsi que AOB, et les bras OA' et OB' du fléau étant égaux, il en résulte que OC est égal à OD ; les termes P.OD et P.OC disparaissent donc de l'équation [1] des moments, qui devient ainsi indépendante de la charge P, et il reste

$$p.\text{OD} = q.\text{G'I}.$$

Mais si l'on nomme δ la distance GO ou G'O, b la longueur OB ou OB' du bras du fléau, et α l'angle BOB', ou son égal GOG', on aura :

$$\text{OD} = b.\cos\alpha \quad \text{et} \quad \text{G'I} = \delta.\sin\alpha.$$

La condition d'équilibre devient donc :

$$pb\cos\alpha = q\,\delta\sin\alpha$$

d'où

$$[2] \qquad\qquad \tan\alpha = \frac{p}{q}.\frac{b}{\delta}.$$

On voit donc que si la distance GO ou δ était trop grande, la valeur de tang. α, et par suite celle de α, qui conviennent à l'équilibre, pour un même excès de poids p, pourraient être très-petites ; c'est-à-dire que le fléau s'arrêterait à une position très-voisine de sa position primitive et qui pourrait être confondue avec elle ; la balance ne serait donc pas assez sensible.

La grandeur de l'angle α pouvant être regardée comme la mesure de la sensibilité de la balance, on voit que cette sensibilité sera d'autant plus grande que le poids q du fléau sera plus petit, le bras b du fléau plus long, et la distance δ du centre de gravité du fléau à l'axe de suspension moins considérable.

186. On tire de l'équation [2]

$$\delta = \frac{p}{q}.\frac{b}{\tan\alpha}.$$

Si donc, on se donne la valeur de α pour une valeur déterminée de p, on pourra en déduire la distance δ à laquelle le centre de gravité du fléau doit être placé au-dessous de l'axe de suspension.

Si, par exemple, on voulait que pour un excès de poids égal

au 100ᵉ du poids du fléau, celui-ci vînt se fixer dans une position faisant avec l'horizontale un angle de 15⁰, il faudrait faire en sorte qu'on eût :

$$\delta = \frac{1}{100} \cdot \frac{b}{\tan 15^0} \quad \text{ou} \quad \delta = 0,03732 . b,$$

c'est-à-dire que la distance OG fût environ les 37 millièmes de la longueur OB.

Dans les balances de précision on peut faire varier la distance du centre de gravité du fléau à l'axe de suspension. On obtient cet effet au moyen d'un écrou qui se meut le long d'une vis dont l'axe est perpendiculaire à la direction du fléau (fig. 78). L'angle décrit par le fléau est indiqué par une aiguille qui lui est également perpendiculaire, et qui parcourt un arc de cercle divisé.

Pour le détail de toutes les autres dispositions qui sont adoptées dans les balances précises, nous renverrons aux traités de Physique.

187. Remarques. I. On voit que la disposition indiquée au n° **185** et qui consiste à placer les points d'attache des coupes sur une horizontale passant par l'axe de suspension, a pour effet de rendre la sensibilité de la balance indépendante de la charge. C'est effectivement en vertu de cette disposition que les termes P . OD et P . OC disparaissent de l'équation des moments. Il n'en serait plus de même si le point O était au-dessus ou au-dessous de l'horizontale AB ; les longueurs OD et OC ne seraient plus égales ; le poids P resterait dans l'équation des moments ; par conséquent l'angle α, et par suite la sensibilité de la balance, dépendraient de la charge commune des coupes.

II. La difficulté d'obtenir une égalité parfaite dans la longueur des deux bras du fléau, a conduit, dans la pratique, à un moyen de pesage qui n'exige pas cette condition ; ce moyen est connu sous le nom de *méthode des doubles pesées*. Pour trouver par cette méthode le poids d'un corps, on le place dans une des deux coupes, et l'on établit l'équilibre en mettant dans l'autre coupe du sable sec ou de la grenaille de plomb. Quand l'équilibre est établi, on enlève le corps à peser, et on le remplace par des poids marqués, de façon à ce que l'équilibre s'établisse de nouveau. Il est clair que le corps et les poids qu'on lui substitue faisant équilibre à la charge de sable ou de grenaille dans des circonstances identiques, la somme des poids substitués au corps est égale au poids de ce corps.

III. On peut employer aussi une autre méthode de double pesée qui fait connaître en même temps le poids du corps et le rapport des longueurs des bras du fléau.

Soient a et b les longueurs des bras OA et OB du fléau. Soit X le poids inconnu du corps que l'on pèse. On le place d'abord dans la coupe suspendue en A ; soit P le poids qu'il faut placer dans l'autre coupe pour établir l'équilibre. On place ensuite le corps dans la coupe suspendue en B ; soit Q le poids qu'il faut placer dans l'autre coupe pour que l'équilibre ait lieu. On aura, dans la première pesée

$$X.a = P.b,$$

et dans la seconde

$$X.b = Q.a.$$

En multipliant d'abord membre à membre et supprimant le facteur ab devenu commun, il vient

$$X^2 = PQ \quad \text{d'où} \quad X = \sqrt{PQ},$$

c'est-à-dire que le poids du corps est une moyenne géométrique entre les poids obtenus dans les deux pesées.

Divisant ensuite membre à membre au lieu de multiplier, on obtient

$$\frac{a}{b} = \frac{P}{Q}.\frac{b}{a} \quad \text{d'où} \quad \frac{a^2}{b^2} = \frac{P}{Q} \quad \text{ou} \quad \frac{a}{b} = \frac{\sqrt{P}}{\sqrt{Q}},$$

c'est-à-dire que les longueurs des bras du fléau sont en raison inverse des racines carrées des poids placés dans les coupes suspendues à l'extrémité de ces mêmes bras.

Si, par exemple, on a trouvé $P = 1^{kg},350$ et $Q = 1^{kg},362$, on en déduira :

$$X = 1^{kg},3559 \quad \text{et} \quad \frac{a}{b} = 0,99558.$$

188. BALANCE ROMAINE. Cette balance (fig. 81) est encore un levier du premier genre. Les matières à peser se placent dans une coupe suspendue à l'extrémité B de l'un des bras du fléau ;

et l'équilibre est établi au moyen d'un curseur A qui glisse le long de l'autre bras. Si la suspension est établie de manière qu'on puisse négliger le frottement, et si le centre de gravité du fléau est dans la verticale du point de suspension O, en appelant P le poids des matières à peser et p celui du curseur, on devra avoir pour l'équilibre (**178**),

$$P : p :: OA : OB \quad \text{d'où} \quad P = p \cdot \frac{OA}{OB}.$$

Les quantités p et OB étant constantes, on voit que le poids P est proportionnel à la distance OA entre le curseur et le point de suspension.

Pour la commodité de l'instrument, on trace d'avance sur le bras OA du fléau des divisions équidistantes, portant chacune l'expression numérique du poids auquel le curseur fait équilibre, quand il est amené à cette division.

On reconnaîtrait comme ci-dessus que, pour que la balance soit sensible, il faut que le centre de gravité du fléau soit situé à une petite distance au-dessous du point de suspension.

189. Peson. La balance nommée *peson* (fig. 82) qui sert à peser le coton ou la laine dans les manufactures, est encore un levier du premier genre. Il se compose d'un levier AB, mobile autour d'un axe horizontal fixe O, et portant une aiguille OD dont l'axe passe par le point O et fait un angle droit avec la direction de AB. Le centre de gravité du système formé par le levier et l'aiguille est placé en un point G sur l'axe de cette dernière. L'extrémité D de l'aiguille parcourt un quart de cercle divisé ; et à l'extrémité A du levier est suspendu un bassin dans lequel on dépose les objets que l'on veut peser.

Soit P le poids placé dans le bassin ; soit p le poids du levier, que l'on peut regarder comme appliqué en G. Menons les horizontales GI et AH qui rencontrent en I et en H la verticale OC menée par le point de suspension. Menons aussi l'horizontale CT, terminée au prolongement de l'axe de l'aiguille. Faisons enfin OA $= a$, OG $= \delta$, COD $= \alpha$.

En supposant que l'on puisse négliger le frottement qui s'exerce sur l'axe O, on devra avoir pour l'équilibre (**178**)

$$P . AH = p . GI \quad \text{ou} \quad P . a \cos \alpha = p . \delta \sin \alpha,$$

d'où
$$P = p \cdot \frac{\delta}{a} \cdot \tan g\alpha.$$

Les quantités p, δ et a étant constantes, on voit que P est proportionnel à $\tan g\alpha$.

Il est facile, d'après cela, de graduer l'instrument. On chargera le bassin de 1 décagramme, par exemple; supposons qne Ot soit la position correspondante de l'aiguille; on portera sur l'horizontale CT une suite de distances tT, TT', T'T'', T''T''', etc., égales entre elles et à Ct; on joindra TO, T'O, T''O, T'''O, etc.; et l'on aura les positions que prendrait l'aiguille si l'on chargeait le bassin de 2^{dg}, 3^{dg}, 4^{dg}, 5^{dg}, etc.

En divisant chacun des espaces Ct, tT, TT', etc., en dix parties égales, si cela est possible, et joignant les points de division au point O, on aurait les divisions du quart de cercle correspondantes de gramme en gramme.

§ V. Équilibre et travail des forces appliquées au treuil.

190. Le *treuil* (fig. 83) se compose d'un cylindre, perpendiculairement à l'axe duquel est montée une roue solidaire avec lui. Il se termine de part et d'autre par deux cylindres ayant le même axe, mais un plus petit diamètre; ces petits cylindres sont les *tourillons* du treuil. L'axe du treuil est ordinairement horizontal, et c'est par les tourillons que la machine repose sur ses appuis; la partie de ces appuis destinée à recevoir les tourillons porte le nom de *coussinets*. La force résistante à vaincre est ordinairement un poids suspendu à l'extrémité d'une corde qui s'enroule sur le cylindre; la force mouvante est appliquée tangentiellement à la roue.

Pour plus de généralité nous supposerons que la force résistante P ait une direction quelconque dans un plan perpendiculaire à l'axe du cylindre. Soit F la force mouvante, agissant également dans un plan perpendiculaire à l'axe, soit Q le poids de la machine, force verticale appliquée au centre de gravité, c'est-à-dire en un point de l'axe.

Indépendamment de ces trois forces, le treuil reçoit les réactions des appuis sur lesquels il repose; on peut admettre que ces forces se réduisent à deux, R et R', appliquées aux tourillons, vers le milieu de la partie de ces tourillons qui est en contact avec les coussinets; et comme les forces F, P, Q agissent dans des plans perpendiculaires à l'axe du treuil, et que dès lors la machine n'a aucune tendance à glisser sur les coussinets dans le sens de cet axe, on doit admettre que les forces R et R' sont également situées dans des plans perpendiculaires à l'axe.

Nous nommerons r le rayon du cylindre, ρ et ρ' ceux des tourillons, b celui de la roue; a et a' les distances du plan perpendiculaire à l'axe dans lequel agit la force F aux plans perpendiculaires à l'axe dans lequel agissent les forces R et R'; p et p' les distances analogues pour la force P; q et q' les distances analogues pour la force Q; nous désignerons par α, β, μ et μ' les angles aigus que font respectivement avec la verticale les forces F, P, R et R'. Enfin nous ferons $a + a' = l$; et par suite on aura aussi $p + p' = l$, et $q + q' = l$.

191. Cela posé, si l'on suppose le treuil en équilibre ou animé d'un mouvement uniforme autour de son axe, la somme algébrique des moments des forces par rapport à cet axe devra être nulle (**146**). La force F étant tangente à la roue, son moment sera Fb; nous le regarderons comme positif. La force P agissant à l'extrémité d'une corde qui s'enroule sur le cylindre est tangente au cylindre, et son moment est Pr; ce moment doit être regardé comme négatif. (On néglige ici le rayon de la corde, qui devrait, pour plus de rigueur, être ajouté au rayon r de la roue.) Le moment de la réaction R est R sin φ . ρ (**164. Rem.**); celui de la force R' est R' sin φ' . ρ'; ces deux moments sont négatifs, attendu que ces réactions tendent à s'opposer au mouvement. On pourrait, au lieu de sin φ et de sin φ', mettre leurs valeurs $\dfrac{f}{\sqrt{1 + f^2}}$ et $\dfrac{f'}{\sqrt{1 + f'^2}}$.

Enfin, le moment du poids Q est nul; puisque cette force est appliquée en un point de l'axe.

L'équation des moments est donc la suivante :

$$[1] \qquad \mathrm{F}b = \mathrm{P}r + \mathrm{R}\sin\varphi \cdot \rho + \mathrm{R}'\sin\varphi' \cdot \rho'.$$

Cette relation donnerait la force mouvante F si les réactions R et R' étaient connues.

192. Pour déterminer la réaction R, imaginons que par le point d'application inconnu de la force R', on ait mené un axe vertical et un axe horizontal perpendiculaire à celui du cylindre; la somme algébrique des moments des forces par rapport à ces deux nouveaux axes devra être nulle. Si l'on a égard aux notations adoptées plus haut, au sens dans lequel chaque force tend à faire tourner autour de chacun des deux axes que l'on considère, enfin si l'on remarque que la force R' rencontrant ces deux axes, son moment est nul par rapport à l'un et à l'autre, on obtiendra :

$$[2] \quad \begin{cases} R\cos\mu.\, l = F\cos\alpha.\, a' + P\cos\beta.\, p' + Qq' \quad \text{pour l'axe horizontal.} \\ R\sin\mu.\, l = F\sin\alpha.\, a' - P\sin\beta.\, p' \quad\quad \text{pour l'axe vertical.} \end{cases}$$

En opérant de même pour R', on trouverait :

$$[3] \quad R'\cos\mu'.\, l = F\cos\alpha.\, a + P\cos\beta.\, p + Qq.$$
$$R'\sin\mu'.\, l = F\sin\alpha.\, a - P\sin\beta.\, p.$$

On a ainsi 5 équations entre les 5 inconnues F, R, R', μ et μ'.

193. Au lieu d'effectuer l'élimination, on a recours à la *méthode des approximations successives*, fort usitée dans les applications.

Dans l'équation [1], on néglige d'abord le frottement, ce qui donne pour F une première valeur F_1, approchée par défaut, savoir :

$$F_1 = P.\frac{r}{b};$$

cette valeur F_1 est celle qui est donnée dans les traités ordinaires de Statique; on voit que *lorsqu'on néglige le frottement, la force mouvante est à la force résistante comme le rayon du cylindre est au rayon de la roue.*

On met F_1 à la place de F dans les équations [2] et [3]. Les deux premières, élevées au carré et ajoutées membre à membre, donnent $R^2 l^2$, et par suite une valeur approchée de R, que nous désignerons par R_1. Les équations [3] traitées de la même manière donnent une valeur approchée de R', que nous appellerons R'_1.

Dans l'équation [1] on met pour R et R' les valeurs R_1 et R'_1, ainsi obtenues; on en déduit pour F une seconde valeur F_2 plus approchée que la première.

On met pour F cette valeur F_2 dans les équations [2] et [3], qui donneront comme ci-dessus de nouvelles valeurs de R_1 et de R'_1 plus approchées, que nous nommerons R_2 et R'_2.

Dans l'équation [1] on met pour R et R' ces valeurs R_2 et R'_2; on en déduit pour F une troisième valeur F_3 plus approchée que F_2.

Ordinairement F_2 et F_3 diffèrent assez peu l'une de l'autre pour qu'on puisse regarder F_3 comme une valeur de F suffisamment approchée, du moins eu égard aux besoins de l'application. Il faut remarquer d'ailleurs qu'il serait illusoire de rechercher, dans une question de ce genre, une approximation indéfinie, attendu que l'état physique des surfaces frottantes ou des enduits qui les recouvrent n'est jamais exactement connu, et que les valeurs de φ ou de f inscrites dans les tables ne sont elles-mêmes qu'approchées.

Remarques. I. Une fois la force F déterminée, ainsi que les réactions R et R', on aurait, au moyen des équations [2] et [3] les valeurs des angles μ et μ', et, par suite, la position du point de contact entre chaque tourillon et son coussinet. Pour cela, soit O (fig. 84) le centre de la section du coussinet perpendiculaire à l'axe du treuil; soit OA un rayon vertical; on fera l'angle $AOB = \mu$, puis l'angle $BOC = \varphi$. Le point C sera le point de contact dont il s'agit; et la droite CR parallèle à OB sera la direction de la réaction du coussinet. Car on aura $RCD = BOA = \mu$, et $RCO = COB = \varphi$. La direction CR remplira donc la double condition de faire avec la normale CO un angle égal à l'angle du frottement, et d'être inclinée sur la verticale CD d'un angle égal à l'angle μ qu'on a déterminé

II. Dans les équations [2] et [3] les signes se rapportent à la figure 83; il serait facile, dans chaque cas particulier, de reconnaître celui qui doit affecter chaque terme. On donnera toujours le signe $+$ aux termes en R et R'; si l'on trouve pour $\sin \mu$ et $\sin \mu'$ des valeurs positives, cela indiquera que les forces R et R' sont placées par rapport à la verticale du côté que l'on a supposé; si l'on trouve des valeurs négatives, cela indiquera que ces forces sont placées du côté contraire.

194. La question se simplifie dans le cas assez ordinaire où les forces F et P sont verticales.

Supposons, par exemple, qu'elles agissent toutes deux de haut en bas, on aura $\alpha=0$, $\beta=0$. Par suite, les équations [2] deviennent :

$$\mathrm{R}\cos\mu.l=\mathrm{F}a'+\mathrm{P}p'+\mathrm{Q}q'$$
$$\mathrm{R}\sin\mu.l=0,$$

la seconde donne $\mu=0$; et, par suite, on tire de la première

$$\mathrm{R}=\frac{\mathrm{F}a'+\mathrm{P}p'+\mathrm{Q}q'}{l}.$$

On obtient de même

$$\mathrm{R}'=\frac{\mathrm{F}a+\mathrm{P}p+\mathrm{Q}q}{l}.$$

Si l'on suppose de plus que les deux tourillons aient le même rayon, et que le frottement soit le même pour chacun d'eux; c'est-à-dire si l'on suppose $\rho'=\rho$ et $\varphi'=\varphi$; l'équation [1] des moments devient

$$\mathrm{F}b=\mathrm{P}r+(\mathrm{R}+\mathrm{R}')\sin\varphi.\rho.$$

Or, on a, d'après les valeurs ci-dessus et les relations du n° 190

$$\mathrm{R}+\mathrm{R}'=\frac{\mathrm{F}(a+a')+\mathrm{P}(p+p')+\mathrm{Q}(q+q')}{l}=\mathrm{F}+\mathrm{P}+\mathrm{Q};$$

l'équation [1] devient donc :

$$\mathrm{F}b=\mathrm{P}r+(\mathrm{F}+\mathrm{P}+\mathrm{Q})\sin\varphi.\rho,$$

d'où

[4]
$$\mathrm{F}=\mathrm{P}.\frac{r+\rho\sin\varphi}{b-\rho\sin\varphi}+\mathrm{Q}\frac{\rho\sin\varphi}{b-\rho\sin\varphi}.$$

Si la force mouvante F était dirigée de bas en haut, on trouverait :

[5]
$$\mathrm{F}=\mathrm{P}.\frac{r+\rho\sin\varphi}{b+\rho\sin\varphi}+\mathrm{Q}\frac{\rho\sin\varphi}{b+\rho\sin\varphi}.$$

EXEMPLE. Soit $\mathrm{P}=1000^{\mathrm{kg}}$, $\mathrm{Q}=250^{\mathrm{kg}}$, $r=0^{\mathrm{m}},20$, $b=1^{\mathrm{m}},20$, $\rho=0^{\mathrm{m}},03$; et supposons que les tourillons et coussinets soient en bois, sans enduit, auquel cas on a (165) $\varphi=19°48'$, et par suite $\sin\varphi=0,3387$; on trouvera, pour le cas où la force mouvante agit de haut en bas :

$$\mathrm{F}=178^{\mathrm{kg}},570;$$

et pour le cas où elle agit de bas en haut :

$$F = 175^{kg},618.$$

Si l'on négligeait le frottement, on trouverait $F = 166^{kg},666$.

Remarques. I. On reconnaît aisément sur l'équation [4] que la force moúvante augmente avec le frottement ; car lorsque φ augmente, le numérateur de chaque terme du second membre augmente, et en même temps le dénominateur commun diminue.

On le reconnaît aussi sur l'équation [5], car on sait que lorsqu'on ajoute une même quantité aux deux termes d'une fraction, elle augmente.

II. Ce que nous disons du frottement peut se dire du rayon ρ des tourillons ; il y a donc avantage à diminuer ce rayon. Aussi fait-on le plus souvent les axes en fer, ce qui offre le double avantage de permettre un rayon plus petit, et d'occasionner un frottement moindre (165).

III. Dans le cas où la force mouvante agit de bas en haut, il peut se faire que le contact entre le tourillon et son coussinet ait lieu vers la partie supérieure de celui-ci. On a, en effet, dans ce cas :

$$R \cos \mu \cdot l = Pp' + Qq' - Fa' \quad \text{avec} \quad \sin \mu = 0 ;$$

or, la réaction R du coussinet ne saurait être négative. Si donc le second membre est négatif, il faut pour conserver à R une valeur positive, prendre $\cos \mu = -1$ ou $\mu = 180°$; ce qui indique que le contact se fait vers le haut du coussinet.

IV. Les équations [4] ou [5] sont de la forme

$$F = AP + B ;$$

on tire de cette relation :

$$[6] \qquad \frac{F}{P} = A + \frac{B}{P},$$

et l'on voit que le second membre diminue à mesure que P augmente, et tend à se réduire à la constante A. Ainsi : *le rapport de la force mouvante à la force résistante est d'autant moindre que cette dernière est plus grande* ; en d'autres termes : *Sous le rapport de l'économie de la force mouvante, un même treuil est d'autant plus avantageux, que le poids à élever est plus consi-dérable.*

195. Il est utile de comparer le travail de F au travail de P. Pour cela, multiplions le second membre de l'équation [6] par $\frac{b}{r}$, et le premier par la quantité égale $\frac{2\pi b}{2\pi r}$, il viendra

$$\frac{F.2\pi b}{P.2\pi r} = \left(A + \frac{B}{P}\right)\frac{b}{r};$$

or, $F.2\pi b$ est le travail de F pour un tour du treuil, et $P.2\pi r$ est le travail correspondant de P ; on peut donc écrire :

$$[7] \qquad \frac{\mathfrak{C}F}{\mathfrak{C}P} = \left(A + \frac{B}{P}\right)\frac{b}{r};$$

expression qui subsisterait pour un nombre quelconque de tours ou pour une fraction de tour quelconque.

On voit que cette expression diminue à mesure que P augmente, et qu'elle tend vers la limite $A\frac{b}{r}$; ainsi donc : *Sous le rapport de l'économie du travail moteur, comme sous celui de la force mouvante, un même treuil est d'autant plus avantageux, que la charge est plus considérable.*

La limite $A\frac{b}{r}$, vers laquelle tend le rapport du travail de F au travail de P est une quantité plus grande que l'unité, comme il est facile de s'en convaincre en mettant pour A sa valeur prise dans l'équation [4] ou dans l'équation [5]. Le travail moteur est donc toujours plus grand que le travail résistant principal ou effet utile.

Si l'on négligeait le frottement, A se réduirait à $\frac{r}{b}$ et B à zéro; par suite on aurait :

$$\frac{\mathfrak{C}F}{\mathfrak{C}P} = 1,$$

c'est-à-dire que, dans ce cas, le travail moteur serait égal à l'effet utile; mais c'est un cas idéal qui ne peut jamais se réaliser.

196. Jusqu'ici nous avons toujours supposé que la force F était employée à faire monter uniformément le poids P; il pourrait se faire que ce poids descendît, et que la force F fût employée simplement à empêcher le mouvement de s'accélérer. Dans ce cas, il faudrait regarder P comme force mouvante, et F comme force résistante. L'équation des moments deviendrait

$$Pr = Fb + (R + R') \sin \varphi . \rho.$$

Si F agit de haut en bas, on aurait encore :

$$R + R' = F + P + Q;$$

par suite,

$$Pr = Fb + (F + P + Q) \sin \varphi . \rho,$$

d'où

$$[8] \qquad F = P . \frac{r - \rho \sin \varphi}{b + \rho \sin \varphi} - Q . \frac{\rho \sin \varphi}{b + \rho \sin \varphi}.$$

Si F agit de bas en haut, on aurait

$$R + R' = P + Q - F,$$

par suite

$$Pr = Fb + (P + Q - F) \sin \varphi . \rho,$$

d'où

$$[9] \qquad F = P . \frac{r - \rho \sin \varphi}{b - \rho \sin \varphi} - Q . \frac{\rho \sin \varphi}{b - \rho \sin \varphi},$$

valeurs respectivement moindres que celles qui sont données par les équations [4] et [5].

EXEMPLE. En reprenant les données du n° 194, on trouvera, pour le cas où F agit de haut en bas, F = 154^{kg},960; et pour le cas où F agit de bas en haut, F = 157^{kg},563. Si l'on négligeait le frottement, on aurait F = 166^{kg},666 comme dans le cas où la force F est employée à élever uniformément le poids P.

REMARQUES. I. Dans le cas actuel, où la force F est supposée employée uniquement à retenir le poids P pendant sa descente et à empêcher son mouvement de s'accélérer, on voit que le frottement agit dans le sens de la force F, et que, par conséquent, celle-ci est d'autant moindre que le frottement est plus considérable. C'est ce que montrent les équations [8] et [9]; car, dans ces équations si φ augmente, le multiplicateur de P diminue tandis que celui de Q augmente, et par suite F diminue.

II. Ce que nous disons du frottement pourrait se dire du rayon ρ des tourillons; en sorte que si la machine était uniquement destinée à faire descendre des poids d'un mouvement uniforme, il y aurait avantage à augmenter le rayon des tourillons, comme à rendre le frottement plus considérable.

§ VI. Équilibre et travail des forces appliquées à la poulie fixe, en ayant égard au frottement. — Poulie mobile. — Moufles.

197. Poulie fixe. Une poulie consiste essentiellement en une roue (fig. 85) mobile autour d'un axe ordinairement horizontal, et reposant par des tourillons sur deux appuis liés entre eux, et formant ce qu'on appelle une chape. La circonférence de la roue est creusée en gorge pour recevoir une corde qui en embrasse un certain arc ab. La poulie est dite *fixe* quand la chape ne peut pas se mouvoir, ou du moins lorsqu'elle est accrochée à un point fixe. La force mouvante F est appliquée à une des extrémités de la corde; la force résistante P à l'autre extrémité.

Si la corde est extrêmement flexible, on peut traiter la poulie comme un cas particulier du treuil, dans lequel on a $b=r$, $\rho=\rho'$, $\varphi=\varphi'$, $a=a'$, $p=p'$, $q=q'$.

L'équation [1] du n° **191** devient

$$[1] \qquad Fr = Pr + (R+R')\sin\varphi.\rho.$$

Les équations [2] deviennent à leur tour

$$[2] \quad \begin{cases} R\cos\mu l = F\cos\alpha.\tfrac{1}{2}l + P\cos\beta.\tfrac{1}{2}l + Q.\tfrac{1}{2}l \\ R\sin\mu.l = F\sin\alpha.\tfrac{1}{2}l - P\sin\beta.\tfrac{1}{2}l. \end{cases}$$

Les équations [3] deviennent identiques à celles-ci, et l'on en conclut : $R'=R$ et $\mu'=\mu$.

On peut écrire ces trois relations sous la forme plus simple :

$$[3] \qquad Fr = Pr + 2R\sin\varphi.\rho,$$

$$[4] \quad \begin{cases} 2R\cos\mu = F\cos\alpha + P\cos\beta + Q, \\ 2R\sin\mu = F\sin\alpha - P\sin\beta. \end{cases}$$

Les inconnues F, R, et μ se détermineraient comme au n° **193**.

Le plus ordinairement les deux forces F et P sont verticales ; dans ce cas $\alpha = 0$, $\beta = 0$; par suite $\mu = 0$; et il reste :

$$2R = F + P + Q,$$

et par conséquent l'équation [3] devient

[5] $$Fr = Pr + (F + P + Q)\sin\varphi . \rho,$$

équation d'où l'on tire

[6] $$F = P . \frac{r + \rho \sin\varphi}{r - \rho \sin\varphi} + Q . \frac{\rho \sin\varphi}{r - \rho \sin\varphi}.$$

198. Lorsque la corde n'est pas extrêmement flexible, il devient indispensable de tenir compte de l'excès de force mouvante nécessaire pour la ployer ; c'est ce qu'on nomme la *roideur* de la corde.

Lorsqu'une corde enroulée sur une poulie est soumise à ses extrémités à deux forces verticales, l'une mouvante F, l'autre résistante P, on observe pendant le mouvement uniforme de la poulie que, du côté de la force résistante, la corde s'écarte de la verticale tangente à la circonférence de la gorge, comme l'indique la fig. 86 ; tandis que, du côté de la force mouvante, le même effet n'a pas lieu. Un effet contraire tend même à se produire de ce côté ; mais il est généralement insensible.

Ces effets sont dus à la résistance que la corde oppose à la flexion, résistance qui est beaucoup plus grande du côté où la corde s'enroule sur la poulie que du côté où elle se déroule.

Il en résulte que la distance Ob du centre O de la poulie à l'axe du brin bP de la corde, est plus grande que la distance Oa du même centre à l'axe du brin aF ; ce qui augmente le moment de la force résistante par rapport à l'axe de la poulie.

Il résulte des expériences que Coulomb a faites sur ce sujet que la quantité dont il faut augmenter le moment de la force résistante P, est de la forme

[7]... $$\frac{r}{D}(\alpha + \beta P), \quad \text{ou sensiblement } \tfrac{1}{2}(\alpha + \beta P),$$

expression dans laquelle r représente le rayon de la poulie (augmenté pour plus de rigueur du rayon de la corde), D le diamètre de la poulie, α et β des constantes dont les valeurs sont prises dans le tableau suivant :

			Valeur de α.	Valeur de β.
Cordes blanches de $0^m,020$ de diamètre...			0,222	0,0097
»	»	0 ,014 »	0,064	0,0055
»	»	0 ,009 »	0,011	0,0024
Cordes goudronnées de 30 fils de caret...			0,350	0,0126
»	»	15 »	0,106	0,0061
»	»	6 »	0,021	0,0026

S'il s'agissait d'une corde blanche dont le diamètre d ne fût pas dans cette table, on y prendrait les valeurs de α et β relatives à la corde dont le diamètre d_1 s'en approcherait le plus ; et, après avoir calculé l'expression ci-dessus [7], on la multiplierait par $\dfrac{d}{d_1}$ si la corde est mince et flexible, par $\left(\dfrac{d}{d_1}\right)^2$ si la corde est grosse et neuve, par $\left(\dfrac{d}{d_1}\right)^{\frac{3}{2}}$ si la corde est ordinaire.

S'il s'agissait d'une corde goudronnée dont le nombre n de fils de caret ne fût pas dans la table, on y prendrait les valeurs de α et β pour la corde dont le nombre n_1 de fils de caret s'en approcherait le plus ; et, après avoir calculé l'expression [7] on la multiplierait par $\dfrac{n}{n_1}$.

Telles sont du moins les règles pratiques données par Coulomb.

199. En tenant compte de la roideur de la corde, l'équation [3] devient donc

$$[8] \qquad F r = P r + \frac{r}{D}(\alpha + \beta P) + 2R \sin \varphi . \rho$$

et, dans le cas où F et P sont toutes deux verticales, et où le diamètre de la corde est petit par rapport à celui de la poulie,

$$[9] \qquad F r = P r + \tfrac{1}{2}(\alpha + \beta P) + (F + P + Q)\sin \varphi . \rho$$

d'où

$$[10] \qquad F = P . \frac{r + \rho \sin \varphi + \tfrac{1}{2}\beta}{r - \rho \sin \varphi} + \frac{Q \rho \sin \varphi + \tfrac{1}{2}\alpha}{r - \rho \sin \varphi}.$$

EXEMPLE. Soit $P = 200^{kg}$, $Q = 1^{kg},5$; $r = 0^m,14$; $\rho = 0^m,01$; sup-

posons que les tourillons soient en fer reposant sur des coussinets en cuivre avec enduit, auquel cas $\varphi = 5° 9'$; et que la corde
soit blanche et d'un diamètre de $0^m,014$, ce qui donne $\alpha = 0,064$
et $\beta = 0,0055$. On trouvera : $F = 206^{kg},775$.

REMARQUES. I. On reconnaîtra, comme au n° **194**, que la
valeur de F augmente avec le frottement et avec le rayon des
tourillons.

II. La valeur de F est de la forme $F = AP + B$; et l'on en tire
la même conclusion qu'au n° **194**, savoir que *sous le rapport de
l'économie de la force mouvante comme sous le rapport de l'économie du travail moteur une même poulie est d'autant plus avanta-
geuse que la charge à soulever est plus grande.*

III. Si l'on négligeait le frottement et la roideur de la corde, il
resterait $F = P$; c'est la condition donnée dans les traités de
Statique.

IV. L'axe de la poulie, au lieu de faire corps avec elle et de
tourner sur des coussinets pratiqués dans la chape, est quelquefois fixé à la chape, et passe au travers d'un trou, nommé *œil*,
pratiqué dans le corps de la poulie. Le contact entre l'œil de la
poulie et l'axe fixe se fait alors à la partie supérieure de l'œil;
dans ce cas ρ doit désigner le rayon de l'œil; et les formules
restent les mêmes.

V. Si le poids P, au lieu de s'élever descendait, et que la force
F ne fût employée qu'à le retenir pour empêcher son mouvement de s'accélérer, ce serait P qui serait la force mouvante, et
F serait la force résistante. Il suffirait donc, dans l'équation [9]
de permuter P et F, ce qui donnerait

$$F = P \cdot \frac{r - \rho \sin\varphi}{r + \rho \sin\varphi + \frac{1}{2}\beta} - \frac{Q\rho\sin\varphi + \frac{1}{2}\alpha}{r + \rho\sin\varphi + \frac{1}{2}\beta}.$$

Avec les données de l'exemple ci-dessus, on trouverait
$F = 193^{kg},441$.

200. POULIE MOBILE. Dans la poulie mobile (fig. 87), l'une des
extrémités de la corde est fixée en un point A; la poulie repose
sur la corde; et à sa chape est suspendu d'ordinaire un poids
qu'il s'agit d'élever. Le seul cas utile à considérer est celui où
les cordons aA, bF sont verticaux.

Nous supposerons que la poulie tourne autour d'un axe horizontal fixé à la chape. Les cordes dont on fait usage pour le service d'une poulie mobile étant généralement les plus flexibles, nous en négligerons la roideur, ce qui simplifiera les formules; il serait d'ailleurs facile d'y avoir égard.

Imaginons que la poulie s'élève verticalement d'un mouvement uniforme, les forces qui lui sont appliquées seront en équilibre; et il en sera de même des forces appliquées à la chape.

Considérons d'abord l'équilibre de la chape. Elle est soumise à trois forces : 1° à son poids que nous désignerons par Q'; 2° à la force résistante P; 3° à la réaction de la poulie, que nous désignerons par R. Ces trois forces devant se faire équilibre, il faut que la réaction R soit verticale comme les deux autres, et de plus égale à leur somme. On a donc

$$R = P + Q'.$$

Considérons en second lieu l'équilibre de la poulie. Elle est soumise à quatre forces : 1° à la force mouvante F; 2° à l'effort vertical qu'exerce sur elle le cordon $\dot{a}A$; nous nommerons T cette force à laquelle on donne le nom de *tension*; 3° à son poids que nous nommerons Q; 4° enfin à la réaction de la chape, réaction qui est égale et opposée à R (95). Ces quatre forces étant verticales, il faut, pour l'équilibre, que leur somme algébrique soit nulle, et l'on a

$$F + T - Q - R = 0 \quad \text{d'où} \quad T = R + Q - F,$$

ou, en ayant égard à la valeur trouvée ci-dessus pour R,

$$T = P + Q + Q' - F.$$

Soit toujours r le rayon de la poulie (augmenté pour plus de rigueur du rayon de la corde); soit ρ le rayon de l'œil de la poulie. Prenons les moments des quatre forces F, T, Q, R par rapport à l'axe idéal autour duquel tourne la poulie, et qui passe par le centre de l'œil ; en remarquant que le moment de Q est nul par rapport à cet axe, et en ayant égard au sens dans lequel chaque force tend à faire tourner, nous trouverons

$$Fr - Tr - R\rho \sin \varphi = 0,$$

ou, en mettant pour T et pour R leurs valeurs,

$$Fr - (P + Q + Q' - F)r - (P + Q')\rho \sin\varphi = 0;$$

d'où

$$[1] \qquad F = P\frac{r + \rho\sin\varphi}{2r} + \frac{Qr + Q'(r + \rho\sin\varphi)}{2r}$$

EXEMPLE. Supposons que l'on ait

$$P = 100^{kg}; \quad r = 0^m,14, \quad \rho = 0^m,015$$

(ρ est ici le rayon de l'œil et non celui de l'axe sur lequel tourne la poulie) : Soit $Q = 1^{kg}$ et $Q' = 2^{kg}$. Supposons enfin que la poulie soit en bois et tourne sur un axe en fer avec enduit, ce qui suppose $\varphi = 4^0\,35'$.

On trouvera $\qquad \rho\sin\varphi = 0^m,012$.

Par suite $\qquad F = 55^{kg},899$ ou environ 56^{kg}.

REMARQUES. I. La valeur de F peut être mise sous la forme

$$[2] \qquad F = \tfrac{1}{2}(P + Q + Q') + \tfrac{1}{2}(P + Q')\cdot\frac{\rho\sin\varphi}{r};$$

ce qui montre que la force F surpasse toujours la moitié de la charge totale $P + Q + Q'$.

Elle surpasse d'autant plus cette moitié que ρ est plus grand par rapport à r, et que $\sin\varphi$ est plus grand. Il y a donc avantage à diminuer le rayon de l'œil autant qu'il est possible, et à diminuer aussi le frottement.

II. On aurait exactement $F = \tfrac{1}{2}(P + Q + Q')$, s'il n'y avait point de frottement. C'est la valeur que donnent les traités de Statique. Dans l'exemple ci-dessus on aurait dans ce cas $51^{kg},500$ au lieu de $55^{kg},899$.

III. La valeur [1] de F peut être mise sous la forme

$$F = AP + B,$$

et il en résulte que le rapport de F à P est d'autant moindre que P est plus considérable.

201. Pour comparer le travail de F au travail de P, il faut remarquer que lorsque la poulie s'élève verticalement d'une certaine quantité h, chacune des deux distances égales aA et bB se raccourcit de h; mais comme la longueur totale de la corde reste la même, il faut par compensation que la partie BF se soit allongée de $2h$, c'est-à-dire que l'extrémité du cordon auquel est appliquée la force mouvante se soit élevée de $2h$. Si donc le travail de P est Ph, celui de F sera F.$2h$. On a donc

$$\frac{\mathcal{C}F}{\mathcal{C}P} = \frac{2Fh}{Ph} = \frac{2F}{P}$$

ou, en mettant pour F sa valeur [1]

$$\frac{\mathcal{C}F}{\mathcal{C}P} = 1 + \frac{\rho \sin \varphi}{r} + \frac{Qr + Q'(r + \rho \sin \varphi)}{Pr},$$

quantité évidemment plus grande que l'unité.

Dans l'exemple précédent on trouverait

$$\frac{\mathcal{C}F}{\mathcal{C}P} = 1,11798\ldots$$

Ainsi le travail de la force mouvante surpasse toujours le travail de la résistance principale ou l'effet utile.

202. Il peut être utile d'exprimer la force F, non plus en fonction de la résistance P, mais en fonction de la tension T.

Pour cela, de l'équation

$$T = R + Q - F$$

trouvée au n° **200**, on tire d'abord

$$R = T + F - Q.$$

Substituant cette valeur de R dans l'équation des moments

$$Fr - Tr - R\rho \sin \varphi = 0,$$

on trouve

$$Fr - Tr - (T + F - Q)\rho \sin \varphi = 0;$$

d'où

$$[3] \qquad F = T \frac{r + \rho \sin \varphi}{r - \rho \sin \varphi} - Q \frac{\rho \sin \varphi}{r - \rho \sin \varphi},$$

équation semblable à l'équation [6] du n° **197**, relative à la poulie fixe, lorsqu'on ne tient pas compte de la roideur de la corde; mais dans laquelle le poids Q de la poulie est pris en signe contraire,

Remarque. L'équation [6] du n° 197, relative à la poulie fixe lorsqu'on néglige la roideur de la corde, et que les cordons sont verticaux, est :

$$F = P \cdot \frac{r + \rho \sin\varphi}{r - \rho \sin\varphi} + Q \cdot \frac{\rho \sin\varphi}{r - \rho \sin\varphi},$$

et, si l'on suppose que la poulie tourne autour d'un axe fixé à la chape, ρ désigne dans cette relation le rayon de l'œil de la poulie; c'est-à-dire la même quantité que dans l'équation [3] ci-dessus relative à la poulie mobile. D'ailleurs Q, r et φ y désignent aussi les mêmes quantités. Si donc l'équation relative à la poulie fixe s'écrit sous la forme

$$F = AP + B;$$

celle qui est relative à la poulie mobile devra s'écrire

$$F = AT - B$$

et, dans ces deux relations, A et B auront précisément les mêmes valeurs. Cette remarque va nous être utile dans la question suivante.

203. Moufles. On donne le nom de *moufle* (fig. 88) à une machine qui se compose de deux systèmes de poulies égales; celles du premier système, A, A′, A″, sont réunies dans une même chape mobile, et tournent autour d'un axe commun fixé à cette chape; celles du second système, B, B′, B″, sont réunies dans une même chape suspendue à un point fixe O, et tournent également autour d'un axe commun fixé à cette seconde chape. A la chape mobile est suspendu le poids P qu'il s'agit d'élever; la corde, attachée par l'une de ses extrémités à la chape fixe, en un point C, passe alternativement sur une poulie de chaque système dans l'ordre A, B, A′, B′, A″, B″; et c'est à son autre extrémité qu'est appliquée la force mouvante F.

Nous supposerons les deux chapes assez éloignées pour que tous les cordons puissent être considérés comme sensiblement verticaux, et nous nommerons T_0, T_1, T_2, T_3, T_4 et T_5 les tensions de ces cordons successifs, en commençant par celui qui est attaché en C à la chape fixe.

Si le poids P s'élève d'un mouvement uniforme, les forces appliquées à la machine se feront équilibre, et il en sera de même des forces appliquées séparément à chacun des deux systèmes de poulie.

Considérons d'abord l'équilibre de la chape mobile. Cette chape est soumise au poids P, dans lequel on peut comprendre le poids de la chape elle-même, et aux tensions de tous les cordons. Toutes ces forces étant verticales, et dirigées de bas en haut, à l'exception de la force P qui est dirigée de haut en bas, on devra avoir pour l'équilibre :

$$T_0 + T_1 + T_2 + T_3 + T_4 + T_5 = P. \qquad [1]$$

Si l'on considère ensuite l'équilibre de chaque poulie, en conservant les notations du numéro 202 (Rcm.), on aura successivement.

Pour la poulie A $\qquad T_1 = AT_0 - B \qquad [2]$

$\qquad$ » $\qquad$ B $\qquad T_2 = AT_1 + B \qquad [3]$

$\qquad$ » $\qquad$ A' $\qquad T_3 = AT_2 - B \qquad [4]$

$\qquad$ » $\qquad$ B' $\qquad T_4 = AT_3 + B \qquad [5]$

$\qquad$ » $\qquad$ A'' $\qquad T_5 = AT_4 - B \qquad [6]$

$\qquad$ » $\qquad$ B'' $\qquad F = AT_5 + B \qquad [7]$

En éliminant entre ces 7 équations les six tensions inconnues, on déterminera la force F. Pour cela, on remarque d'abord qu'en ajoutant les équations [2], [3], [4], [5], [6] et [7], et en ayant égard à l'équation [1] on obtient :

$$F + P - T_0 = AP \quad \text{d'où} \quad T_0 = F - (A - 1)P.$$

Si maintenant on met la valeur de T_1 tirée de [2] dans l'équation [3]; puis la valeur de T_2 tirée de celle-ci dans l'équation [4] et ainsi de suite, il viendra.

$$F = A^6 T_0 - B(A^5 - A^4 + A^3 - A^2 + A - 1);$$

ou bien $F = A^6 T_0 - B \dfrac{A^6 - 1}{A + 1}.$

Mettant dans cette dernière relation la valeur de T trouvée plus haut, on obtient :

$$F = A^6 F - A^6(A - 1)P - B \frac{(A^6 - 1)}{A + 1},$$

d'où $\qquad F = \dfrac{A^6(A - 1)}{A^6 - 1}.P + \dfrac{B}{A + 1}. \qquad [8]$

204. EXEMPLE. Supposons que pour chaque poulie on ait $r = 0^m,1$; $\rho = 0^m,015$; $Q = 1^{kg}$, et que l'axe soit en fer sans enduit, ce qui suppose $\varphi = 22°47'$. On trouvera d'abord $\rho \sin \varphi = 0,0058$, puis

$$A = \frac{r + \rho \sin \varphi}{r - \rho \sin \varphi} = 1,1231 \quad \text{et } B = \frac{Q\rho \sin \varphi}{r - \rho \sin \varphi} = 0^{kg},0615,$$

et enfin :

$$F = 0,2453.P + 0^{kg},0289.$$

Et si $P = 200^{kg}$, on aura $F = 49^{kg},19.$.

Avec un enduit, on pourrait faire descendre la valeur de φ jusqu'à $4°35'$. On trouverait dans ce cas

$$F = 0,18203.P + 0^{kg},00599 ;$$

et si $P = 200^{kg}$, on aurait $F = 36^{kg},412$.

REMARQUES. I. Si le frottement était nul, on aurait $A = 1$ et $B = 0$. On peut dans la valeur (8) de F diviser préalablement par $A - 1$ les deux termes du coefficient de P ; et, en mettant ensuite pour A et B ces valeurs, on trouvera $F = \frac{1}{6}P$; et si $P = 200^{kg}$, on aura $F = 33^{kg},333$.

II. On trouverait dans le même cas $F = \frac{1}{n}P$ s'il y avait n cordons. En effet, supposons que la chape mobile s'élève verticalement d'une petite quantité h, chacun des cordons se trouvera raccourci de h ; mais, comme la longueur totale de la corde reste la même, il faudra que le brin auquel est appliquée la force mouvante F se soit allongé d'autant de fois h qu'il y a de cordons, c'est-à-dire de nh, ou, en d'autres termes, que son point d'application soit descendu verticalement de nh. On a donc, pour le travail de la force résistante, Ph, et, pour celui de la force mouvante, $F.nh$; et, puisqu'il n'y a pas de frottement, la somme algébrique de ces deux travaux doit être nulle, c'est-à-dire qu'on doit avoir :

$$F.nh = Ph, \text{ d'où } F = \frac{1}{n}P.$$

III. Si l'on ne néglige pas le frottement, on aura :

$$\frac{\partial F}{\partial P} = \frac{F.nh}{Ph} = \frac{Fn}{P}.$$

Dans le cas où il y a 6 cordons, on aura $n = 6$; et, en mettant pour F sa valeur [8], il viendra :

$$\frac{\mathfrak{C}F}{\mathfrak{C}P} = \frac{6A^6(A-1)}{A^6-1} + \frac{6B}{(A+1)P}.$$

Cette quantité est toujours plus grande que l'unité; car A étant plus grand que 1, les puissances successives de A vont en augmentant; d'ailleurs le premier terme peut s'écrire :

$$\frac{6A^6}{A^5 + A^4 + A^3 + A^2 + A + 1}.$$

Or, chacun des termes du dénominateur est moindre que A^6; donc la somme de ces 6 termes est moindre que $6A^6$. Donc le premier terme de l'expression totale est à lui seul plus grand que 1; et, comme le second est positif, il s'ensuit que l'expression est toujours plus grande que l'unité.

En prenant les données de l'exemple ci-dessus, on trouvera, pour le cas où il n'y a pas d'enduit :

$$\frac{\mathfrak{C}F}{\mathfrak{C}P} = 1,4735,$$

et pour le cas où le frottement est diminué le plus possible par un enduit :

$$\frac{\mathfrak{C}F}{\mathfrak{C}P} = 1,0925.$$

Ce rapport ne se réduirait à 1 que s'il n'y avait pas de frottement.

IV. Les moufles offrent un exemple remarquable de ce que nous avons dit au n° 157 : cette machine permet de réduire notablement la force mouvante en augmentant le chemin parcouru par son point d'application. Mais le travail moteur, loin d'être moindre que le travail de la résistance principale ou que l'effet utile, est toujours, au contraire, plus considérable; c'est ce qu'on ne doit jamais perdre de vue.

APPENDICE.

ÉQUILIBRE ET TRAVAIL DES FORCES APPLIQUÉES
A LA VIS A FILET CARRÉ.

205. On sait qu'une *vis* est formée d'un noyau cylindrique sur lequel s'enroule une saillie à laquelle on donne le nom de *filet*. Il importe avant tout d'en donner une description rigoureuse.

Soit OO' (fig. 89) l'axe d'un cylindre de révolution, et AA' l'une de ses génératrices. Perpendiculairement à AA' menons la droite AB égale en longueur au développement de la circonférence qui a pour rayon OA; et achevons le rectangle ABB'A'. Sur AA' prenons une suite de longueurs égales Am, mp, pr, rt, etc.; par les points m, p, r, t, etc., menons mn, pq, rs, tu, etc., parallèles à AB; et joignons An, mq, ps, ru, etc. Imaginons ensuite qu'on enroule le rectangle ABB'A' sur le cylindre; le côté BB' viendra coïncider avec AA', puisque AB équivaut à la circonférence de la base; et la surface du cylindre sera entièrement recouverte par le rectangle. Dans ce mouvement, les droites An, mq, ps, ru, etc., en s'enroulant sur la surface du cylindre, y formeront une ligne à double courbure à laquelle on donne le nom d'*hélice*.

Réciproquement toute hélice peut être regardée comme tracée ainsi sur un cylindre de révolution.

Cette courbe jouit d'une propriété remarquable; c'est que tous ses éléments font des angles égaux avec le plan de la base du cylindre. En effet, les différents éléments des droites An, mq, ps, ru, etc., faisaient avec AB, ou ce qui revient au même, avec le plan du cercle OA, des angles égaux à nAB, ou qmn, ou spq, etc. Or, dans le mouvement qu'on a fait subir au rectangle ABB'A' pour l'enrouler sur le cylindre, l'inclinaison de ces éléments sur le plan OA n'a point changé, puisqu'ils n'ont fait que tourner autour des génératrices successives de ce cylindre, lesquelles sont perpendiculaires à ce plan.

La distance $Am = mp = pr = rt =$ etc., est ce qu'on nomme le *pas* de l'hélice. Si l'on appelle h ce pas, r le rayon OA de la base du cylindre, et i l'inclinaison de l'un quelconque des éléments de l'hélice sur le plan du cercle OA, ou ce qui revient au même l'angle nAB, on aura

$$\tan i = \frac{Bn}{AB} = \frac{h}{2\pi r}.$$

Nous aurons bientôt besoin de cette relation.

206. Concevons maintenant qu'un carré se meuve de manière : 1° que son plan passe constamment par l'axe OO′ du cylindre ; 2° que l'un de ses côtés demeure constamment parallèle à cet axe ; 3° que l'un des deux sommets qui terminent ce côté décrive l'hélice tracée sur le cylindre. Chaque point du carré décrira une hélice de même pas, mais dont le rayon sera en général différent ; et le carré lui-même engendrera une saillie enroulée sur ce cylindre, et à laquelle on donne le nom de filet. Le cylindre recouvert de ce filet en hélice est ce que l'on nomme une *vis à filet carré.*

Concevons enfin une seconde pièce solide EE (fig. 90) présentant en creux la forme que la vis présente en relief ; ce sera l'*écrou* de la vis. Celle-ci pourra y pénétrer exactement et s'y mouvoir d'un double mouvement de rotation autour de son axe et de translation dans le sens de cet axe. Réciproquement si c'est la vis qui est fixe, l'écrou pourra cheminer le long de la vis en tournant en même temps autour de son axe.

Nous supposerons que l'écrou soit fixe et la vis mobile ; la théorie serait la même dans le cas inverse. Pour fixer les idées, nous admettrons que l'axe de la vis soit vertical, et qu'à sa partie inférieure soit suspendu un poids qu'il s'agit d'élever. La partie supérieure de la vis est alors terminée par une pièce T de forme carrée, solidaire avec elle, et que l'on nomme la *tête* de la vis. Cette pièce est traversée par une barre horizontale AB dont le milieu est sur l'axe de la vis, et aux extrémités de laquelle sont appliquées deux forces F et F′ égales entre elles, mais de sens opposé, et dirigées perpendiculairement à la barre, dans le sens convenable pour faire monter la vis dans son écrou.

Nous admettons qu'il y ait assez de jeu entre l'écrou et la vis pour que celle-ci ne frotte pas latéralement contre l'écrou, et que le contact ne se fasse que par la partie inférieure du filet. Enfin, pour plus de simplicité, nous supposerons que ce contact ait lieu sur une hélice intermédiaire entre celles que décrivent les deux sommets inférieurs du carré générateur du filet. Cela revient à supposer que la partie inférieure du filet est arrondie comme le montre la coupe représentée (fig. 91), et ne touche l'écrou que par son milieu.

207. Cela posé, la vis est soumise à différentes forces :

1° Elle reçoit l'action des forces F et F', agissant perpendiculairement à la barre, et dans un plan horizontal; nous appellerons b la moitié de la longueur de la barre.

2° Elle supporte le poids P, force verticale, agissant de haut en bas.

3° En chaque point de l'hélice de contact entre la vis et l'écrou, s'exerce, de la part de ce dernier, une réaction R, située dans le plan qui contient l'élément correspondant de l'hélice et une parallèle à l'axe du cylindre.

Soit M (fig. 92) le point considéré sur l'hélice de contact, ac le prolongement de l'élément de cette courbe, cb une verticale, et ab une horizontale menée dans le plan acb. La réaction R exercée en M par l'écrou sera dirigée dans le plan acb.

Menons MN perpendiculaire à ac, dans le même plan; l'angle NMR sera l'angle φ du frottement. Menons la verticale MV, et l'horizontale MH parallèle à ab; l'angle NMV sera égal à l'angle cab que fait l'élément d'hélice avec ab, ou ce qui revient au même, avec un plan perpendiculaire à l'axe de la vis, angle constant, comme nous l'avons vu, et que nous désignerons par i.

Soit enfin r le rayon de l'hélice moyenne, c'est-à-dire le rayon du cylindre sur lequel elle peut être supposée tracée.

Si la vis s'élève d'un mouvement uniforme, les différentes forces auxquelles elle est soumise se font équilibre.

I. Nous écrirons d'abord que la somme algébrique des projections de ces forces sur l'axe de la vis est égale à zéro (**145**).

Les forces F et F' n'ont point de projection sur cet axe. La force P s'y projette en vraie grandeur. La projection de la force

13

R sur l'axe de la vis ou sur sa parallèle MV est en valeur absolue R cos RMV ou R cos($i+\varphi$).

En un autre point de l'hélice de contact s'exercera de même une réaction R', dont la projection verticale sera R' cos ($i+\varphi$), attendu que l'angle φ est le même partout puisqu'il s'agit des mêmes matières, et que l'angle i est aussi le même d'après la propriété de l'hélice que nous avons établie en commençant. En un troisième point de l'hélice de contact s'exercera une nouvelle réaction R'' dont la projection verticale sera R'' cos($i+\varphi$); et ainsi de suite.

On devra donc avoir

$$P - R\cos(i+\varphi) - R'\cos(i+\varphi) - R''\cos(i+\varphi) - \text{etc.} = 0;$$

ou $P = \cos(i+\varphi)[R + R' + R'' + \text{etc.}];$

ou, pour abréger l'écriture,

$$[1] \qquad P = \cos(i+\varphi).\Sigma R.$$

II. Nous écrirons en second lieu que la somme des moments des forces par rapport à l'axe de la vis est égale à zéro (**146**).

Le moment de la force F est Fb; celui de la force F' est F'b; et comme elles sont égales et qu'elles tendent à faire tourner dans le même sens, la somme de leurs moments sera 2Fb.

Le moment de la force P est nul, puisqu'elle est dirigée suivant l'axe.

Le moment de R s'obtient en projetant d'abord cette force sur un plan perpendiculaire à l'axe, c'est-à-dire sur MH, ce qui donne R cos RMH ou R sin($i+\varphi$), et en multipliant cette projection par la distance r à l'axe. Le moment de R est donc Rr sin($i+\varphi$) en valeur absolue. Pour R' on aura de même R'r sin($i+\varphi$); pour R'' on aura R''r sin ($i+\varphi$); et ainsi de suite. L'équation des moments sera donc

$$2F b - R r \sin (i+\varphi) - R'r \sin (i+\varphi) - R''r \sin (i+\varphi) - \text{etc.,} = 0$$

ou

$$[2] \qquad 2F b = r \sin (i+\varphi)\Sigma R.$$

En divisant l'équation [2] par l'équation [1], ΣR disparaît, et il reste

$$[3] \qquad \frac{2F b}{P} = r \tan(i+\varphi) \quad \text{d'où} \quad F = \tfrac{1}{2} P.\frac{r}{b} \tan(i+\varphi).$$

Exemple. Supposons qu'il s'agisse d'une vis en bois tournant dans un écrou de bois, sans enduit, auquel cas on a $\varphi = 19°48'$; soit $i = 20°$; $r = 0^m,12$ et $b = 0^m,40$; on trouvera $F = 0,124975..P$, ou à peu près $F = 0,125 \, P$, ou encore $F = \frac{1}{8}P$.

208. Remarques. I. Si le frottement était nul, on aurait simplement

$$F = \frac{1}{4}P . \frac{r}{b} \tang i,$$

ou, en mettant pour $\tang i$ sa valeur $\frac{h}{2\pi r}$,

$$[4] \qquad\qquad F = \frac{1}{8}P . \frac{h}{2\pi b}.$$

c'est-à-dire que, dans ce cas, chacune des forces mouvantes F serait à la moitié de la force résistante P comme le pas de la vis est à la circonférence que tend à décrire le point d'application de la force mouvante.

C'est la relation donnée dans les traités de Statique; mais elle s'éloigne toujours notablement de la vérité. Dans l'exemple ci-dessus, elle donnerait $F = 0,0546 . P$ au lieu de $0,125 \, P$, c'est-à-dire moins que la moitié de la valeur véritable.

II. La force mouvante F est, en général, d'autant moindre que le frottement est moindre; c'est ce que montre la valeur [3], qui diminue avec φ tant qu'elle demeure positive.

La force mouvante F diminue aussi avec i, ou, ce qui revient au même, avec le pas de la vis; c'est ce que montre également la valeur [3].

Sous le rapport de l'économie de la force mouvante, il y a donc avantage à diminuer le pas de la vis, et à faire en sorte que le frottement soit le plus petit possible.

III. Pour $i = 90° - \varphi$ ou $i + \varphi = 90°$, on aurait $F = \infty$; et, en effet, les réactions R, R', R'', etc., seraient alors horizontales; on n'aurait donc que des forces horizontales pour faire équilibre à la force verticale P, ce qui serait évidemment impossible. C'est cette impossibilité qui est exprimée par le symbole $F = \infty$. Du reste, c'est là un cas purement idéal, et qui ne peut jamais se présenter.

209. Les forces mouvantes F et F', au lieu d'être employées à faire monter la vis dans son écrou, pourraient être employées simplement à la retenir, dans le cas où elle descendrait, de manière à empêcher son mouvement de s'accélérer.

En reprenant la question dans cette hypothèse, on verrait que la réaction R (fig. 92) passe alors à droite de la normale MN, et qu'il suffit de changer partout $i + \varphi$ en $i - \varphi$; ce qui donne :

$$[5] \qquad F = \tfrac{1}{2} P \cdot \frac{r}{b} \tang(i - \varphi).$$

EXEMPLE. Si l'on applique à ce cas les données de l'exemple ci-dessus, c'est-à-dire $\varphi = 19°48'$; $i = 20°$; $r = 0^m,12$ et $b = 0^m,40$, on trouvera : $F = 0,000524 \cdot P$.

REMARQUES. I. S'il n'y avait pas de frottement, la valeur [5] se réduirait à

$$F = \tfrac{1}{2} P \cdot \frac{r}{b} \tang i \quad \text{ou} \quad F = \tfrac{1}{2} P \cdot \frac{h}{2\pi b}.$$

comme dans le cas où le mouvement de la vis est ascendant (**208**, REM. I).

II. Si l'on avait $i = \varphi$, il en résulterait $F = 0$; c'est-à-dire qu'il ne faudrait aucune force pour empêcher le mouvement descendant de la vis de s'accélérer. Et, dans le cas où la vis serait primitivement en repos, l'équilibre entre la charge P et les réactions de l'écrou se maintiendrait de lui-même, sans intervention d'aucune force nouvelle.

III. Si l'on avait $i < \varphi$ on trouverait pour F une valeur négative; c'est-à-dire que, dans ce cas, il faudrait des forces mouvantes F et F' de sens opposé à celui que nous leur avons attribué jusqu'ici, pour obliger la vis à descendre d'un mouvement uniforme. Sans l'intervention de ces forces, le mouvement descendant imprimé à la vis serait retardé et tendrait de lui-même à s'anéantir.

Ces circonstances sont analogues à celles que nous avons observées dans l'étude du plan incliné (**176**).

210. Comparons maintenant le travail moteur à l'effet utile.

Quand la vis fait un tour, elle avance dans le sens de son axe d'une quantité égale au pas. Le travail de la force F est dans ce cas $F \cdot 2\pi b$, et le travail moteur total des forces F et F' est $2F \cdot 2\pi b$. Le travail de P est d'ailleurs Ph dans le même temps. On a donc, en appelant T_m le travail moteur et T_u l'effet utile

$$\frac{T_m}{T_u} = \frac{\mathfrak{C}F + \mathfrak{C}F'}{\mathfrak{C}P} = \frac{2F \cdot 2\pi b}{Ph}$$

ou, en mettant pour F sa valeur [3]

$$[6] \qquad \frac{T_m}{T_u} = \frac{2\pi r}{h} \tan g \,(i + \varphi) = \frac{\tan g\,(i + \varphi)}{\tan g\, i}.$$

EXEMPLE. Si l'on a, comme ci-dessus, $i = 20^0$ et $\varphi = 19^0 48'$, on trouvera pour le rapport du travail moteur à l'effet utile 2,289.

REMARQUES. I. La relation [6] montre que le travail moteur est toujours supérieur à l'effet utile; car $\tan g\,(i + \varphi)$ est plus grand que $\tan g\, i$, puisque les arcs $i + \varphi$ et i sont tous deux positifs et moindres que 90^0.

II. Si l'on veut obtenir le rapport entre le travail du frottement et l'effet utile, on remarquera qu'en appelant T_m le travail moteur, T_u l'effet utile et T_f le travail du frottement, on a (**154**)

$$T_m = T_u + T_f,$$

d'où l'on tire $\dfrac{T_f}{T_u} = \dfrac{T_m}{T_u} - 1 = \dfrac{\tan g\,(i + \varphi)}{\tan g\, i} - 1.$

Dans l'exemple ci-dessus on aurait

$$\frac{T_f}{T_u} = 2,289 - 1 = 1,289.$$

Le travail du frottement est ici plus considérable que l'effet utile.

211. L'expression [6] du rapport entre le travail moteur et l'effet utile devient infinie pour $i = 0$; elle devient également infinie pour $i = 90^0 - \varphi$. On conçoit donc qu'entre ces deux limites il existe une valeur de i qui donne le minimum du rapport $\dfrac{T_m}{T_u}$ pour une même valeur de l'angle de frottement φ.

Pour obtenir le minimum de l'expression [6], il faut en prendre la dérivée, l'égaler à zéro, et tirer de l'équation ainsi obtenue la valeur de la variable i.

On sait, en effet, que si l'on construisait la courbe qui a pour équation

$$y = \frac{\tang(i+\varphi)}{\tang i},$$

le point pour lequel l'ordonnée y est minimum jouirait de cette propriété que la tangente menée à la courbe en ce point serait parallèle à l'axe des abscisses, et que, par conséquent, le coefficient angulaire de cette tangente serait nul pour le point considéré. Or, ce coefficient angulaire n'est autre chose que la dérivée de y par rapport à i.

Rappelons-nous maintenant que la dérivée du quotient $\dfrac{u}{v}$ a pour expression

$$\frac{vu' - uv'}{v^2},$$

et que, par conséquent, nous aurons à poser l'équation

$$vu' - uv' = 0.$$

Or, la dérivée de $\tang i$ est $\dfrac{1}{\cos^2 i}$; celle de $\tang(i+\varphi)$ est de même $\dfrac{1}{\cos^2(i+\varphi)}$, attendu que la dérivée de $i+\varphi$ est 1. L'équation à poser sera donc

$$\frac{\tang i}{\cos^2(i+\varphi)} - \frac{\tang(i+\varphi)}{\cos^2 i} = 0.$$

On en tire

$$\tang(i+\varphi)\cos^2(i+\varphi) = \tang i \cos^2 i$$

ou

$$\sin(i+\varphi)\cos(i+\varphi) = \sin i \cos i.$$

d'où

$$\sin 2(i+\varphi) = \sin 2i,$$

ce qui exige qu'on ait

$$2(i+\varphi) = 180^0 - 2i,$$

ou

$$i + \varphi = 90^0 - i,$$

d'où

[7]
$$i = 45^0 - \tfrac{1}{2}\varphi.$$

Telle est la valeur de i pour laquelle le rapport $\dfrac{T_m}{T_u}$ est minimum.

En mettant pour i cette valeur dans l'équation [6], on obtient pour la valeur minimum du rapport considéré ,

$$[8] \qquad \frac{T_m}{T_u} = \frac{\tan(45^0 + \frac{1}{2}\varphi)}{\tan(45^0 - \frac{1}{2}\varphi)} = \tan^2 . (45^0 + \frac{1}{2}\varphi).$$

EXEMPLES. Pour $\varphi = 19^0 48'$, par exemple, on trouve,

$$i = 35^0 6' \quad \text{et} \quad \frac{T_m}{T_u} = \tan^2(54^0 54') = 2,02452.$$

Ainsi, dans le cas d'une vis en bois, tournant dans un écrou en bois, sans enduit, la valeur du travail moteur est toujours supérieure au double de l'effet utile.

Pour $\varphi = 4^0$, qui est la plus petite valeur donnée par les tables, on trouverait :

$$i = 43^0 \quad \text{et} \quad \frac{T_m}{T_u} = \tan^2 47^0 = 1,14997, \quad \text{ou environ} \quad 1,15.$$

212. Si la force résistante, au lieu d'agir de haut en bas, agissait de bas en haut, les forces F et F' devraient agir dans un sens opposé à celui que nous leur avons supposé jusqu'ici, c'est-à-dire de manière à faire descendre la vis dans son écrou. Mais comme le contact aurait alors lieu par la partie supérieure du filet, les formules seraient les mêmes.

FIN.

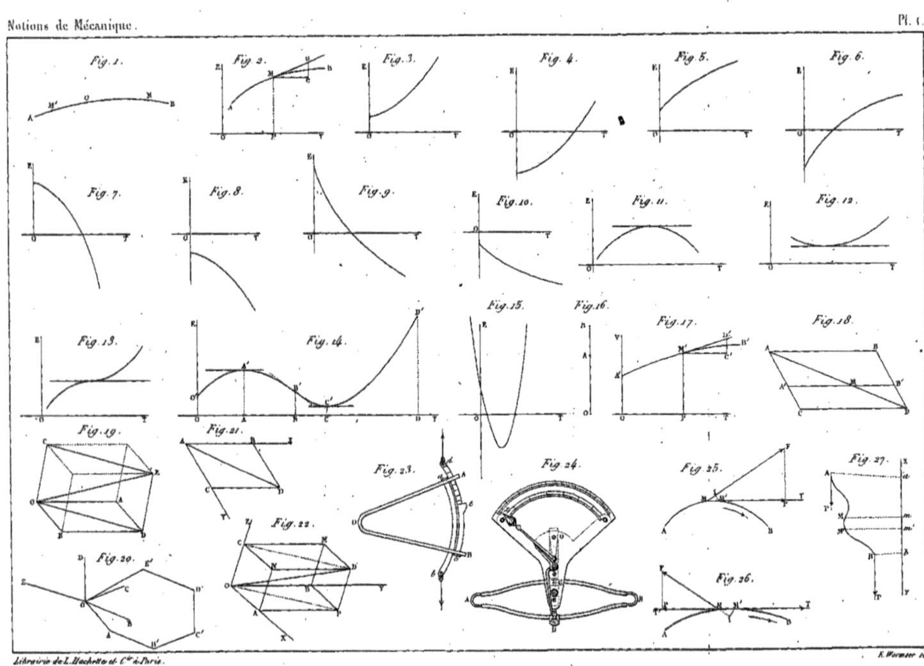

Fig. 1.
Fig. 2.
Fig. 3.
Fig. 4.
Fig. 5.
Fig. 6.
Fig. 7.
Fig. 8.
Fig. 9.
Fig. 10.
Fig. 11.
Fig. 12.
Fig. 13.
Fig. 14.
Fig. 15.
Fig. 16.
Fig. 17.
Fig. 18.
Fig. 19.
Fig. 20.
Fig. 21.
Fig. 22.
Fig. 23.
Fig. 24.
Fig. 25.
Fig. 26.
Fig. 27.

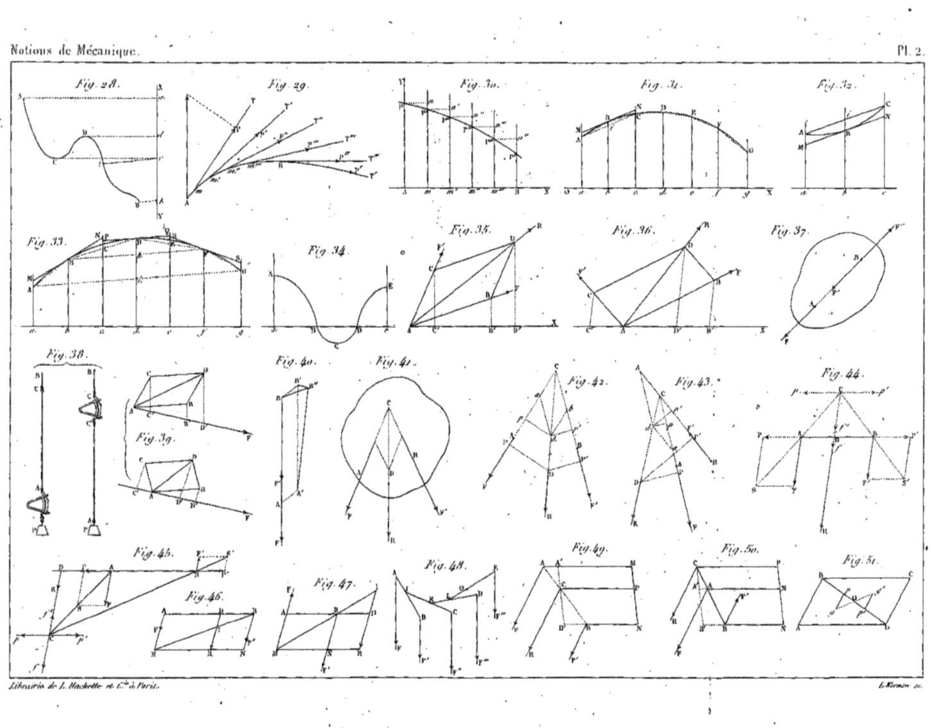

Fig. 28.
Fig. 29.
Fig. 30.
Fig. 31.
Fig. 32.
Fig. 33.
Fig. 34.
Fig. 35.
Fig. 36.
Fig. 37.
Fig. 38.
Fig. 39.
Fig. 40.
Fig. 41.
Fig. 42.
Fig. 43.
Fig. 44.
Fig. 45.
Fig. 46.
Fig. 47.
Fig. 48.
Fig. 49.
Fig. 50.
Fig. 51.

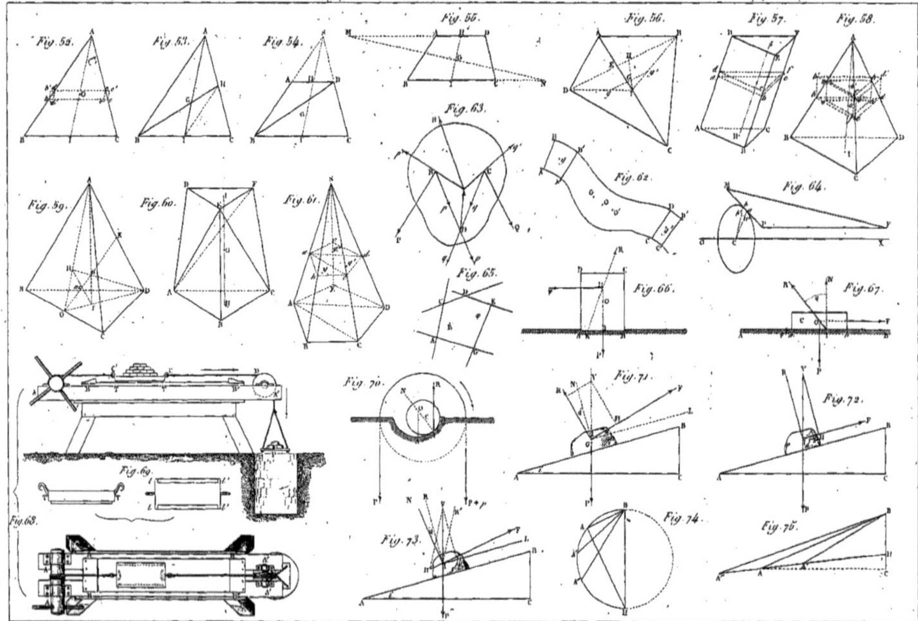

Fig. 52.
Fig. 53.
Fig. 54.
Fig. 55.
Fig. 56.
Fig. 57.
Fig. 58.
Fig. 59.
Fig. 60.
Fig. 61.
Fig. 62.
Fig. 63.
Fig. 64.
Fig. 65.
Fig. 66.
Fig. 67.
Fig. 68.
Fig. 69.
Fig. 70.
Fig. 71.
Fig. 72.
Fig. 73.
Fig. 74.
Fig. 75.

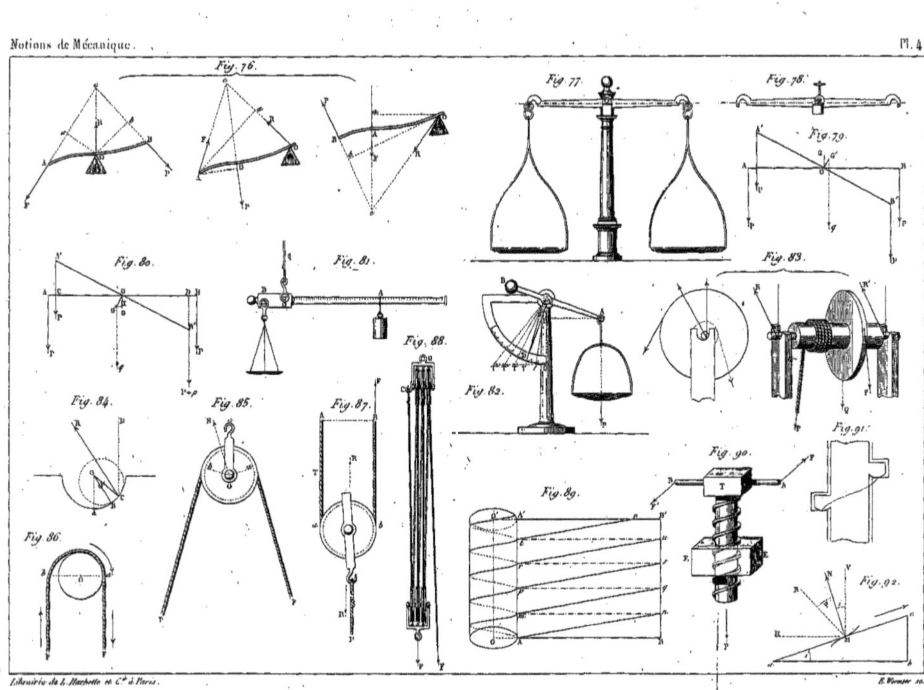

Fig. 76.
Fig. 77.
Fig. 78.
Fig. 79.
Fig. 80.
Fig. 81.
Fig. 82.
Fig. 83.
Fig. 84.
Fig. 85.
Fig. 86.
Fig. 87.
Fig. 88.
Fig. 89.
Fig. 90.
Fig. 91.
Fig. 92.